U0010124

台灣自然圖鑑 **051**

章錦瑜

著・攝影

黃花羊蹄甲
Bauhinia tomentosa
花常呈半含苞狀態，
不全展開

吊鐘花
Fuchsia hybrid
花朵朝下，花瓣呈半開
展之旋卷狀，重瓣，花
萼紅、瓣白

郎德木
Rondeletia odorata
花期7-9月，紅花之喉部
黃橙色，花徑約1公分

獅尾花
Leonotis leonurus
橙色管狀花，唇形、左右對稱，
花長4-5公分

毛地黃
Digitalis purpurea
花冠2唇狀，5花瓣，
花徑2-3公分

灌木及
多年生草本
賞花圖鑑 | Shrub and
Perennial Grasses

500多種觀賞植物，植株、葉、花、果之辨識與欣賞
100多種園藝品種介紹

天竺葵
Pelargonium spp.
花有重瓣或單瓣，花色
有紅、橙、粉紫、粉、
白或斑色、鑲邊品種，
冠徑約3-5公分

金蓮木
Ochna integerrima
花徑4-5公分，雄蕊
長1公分

紅花香葵
Abelmoschus moschatus subsp. tuberosus
別名箭葉秋葵，花瓣分離，單體雄蕊筒彎垂，
花瓣裂片長約6公分

額繡球花
Hydrangea macrophylla 'Normalis'
大花序徑15～30公分，外圍一圈大
型白色的萼片，為裝飾花

黃芩
Scutellaria baicalensis
花萼具盾狀突起，轉為
果實時會增大

水梔子
Gardenia jasminoides 'Radicans'
大花單瓣水梔子

晨星出版

灌木及多年生草本賞花圖鑑

CONTENT

紅粉色花

CONTENT

藍紫色花

白色花

多色花

中名索引

英名索引

學名索引

掃描下載

序

65 歲，東海大學景觀學系屆齡退休後
只想吃喝玩樂，做些在職 40 多年，工作忙碌而捨棄的愛好
這種快樂日子，只過了 5 年

70 歲之後，3 冊一套的圖鑑，一本一本斷貨
這套書，是大學景觀植物課程的教科書，沒書不行
退休生活，開始變得非常忙碌

出版社說，因印刷費高漲，之前的圖鑑再印，每本都是虧損
為了不影響上課需要，非出新書不可
新書要符合成本，就得提高書價，內容更需物超所值
需較之前版本，更新、更好、內容更豐富、質感更精緻…

30 多年前，為了教學沒教科書，出版一套 6 大本、厚重的景觀植物
至今，還有很多人提起，我都勸他們丟了吧，品質內容實在太差
之後，陸續出了新版本，6 大冊改為 3 冊一套
包括賞花喬木、灌木與藤本、以及非賞花的賞樹圖鑑

這是第 4 個新版本
減少文字，以圖為主，是本真真實實的圖鑑
2021 年 7 月出版賞樹圖鑑，是 3 冊新套書的第 1 本
這本賞花灌木，增加很多近年來市面出現的新植物
還包括多年生草本，常見的球根花卉、濕地、水生、耐蔭植物等

每次改版，都有著大躍進，都是另一本新書
朝向更精緻，照片新拍、每個植物各部份的圖都儘量完整
大力推薦電子書，可放大看圖，很多外觀型態的細節，如毛茸、腺體、葉脈紋
路等，較紙本看得更清楚

感謝
陳佳興、李靜婷、吳昭祥、葉美秀老師提供照片，田尾豐田園藝提供植物
老公陪伴到各處找植物、拍植物
歡迎各位幫忙除錯，指正，讓這本書更加完美無誤

章錦瑜
2023 年 3 月於臺中

紅粉色花

· 學名
  Chaenomeles speciosa
· 英名
  Cherry apple, Flowering quince
· 別名
  刺梅、花木瓜

· 原產地
  中國、日本

貼梗海棠

▶果球形，熟果黃色，果徑約 6 公分

◀枝條具刺，
又名刺梅

▲單葉互生至叢生，葉
長約 5 公分、寬 1~2
公分，短柄，葉緣細
銳鋸齒

枝條具刺

▲單瓣

◀花冠徑約 4 公分，
白花較少見

▼落葉灌木，株高可達 3 公尺，
耐寒，較不耐熱

▼花期冬至早春

· 原產地
日本、韓國、中國

· 學名
Spiraea japonica

· 英名
Japanese spiraea

· 別名
日本繡線菊

粉花繡線菊

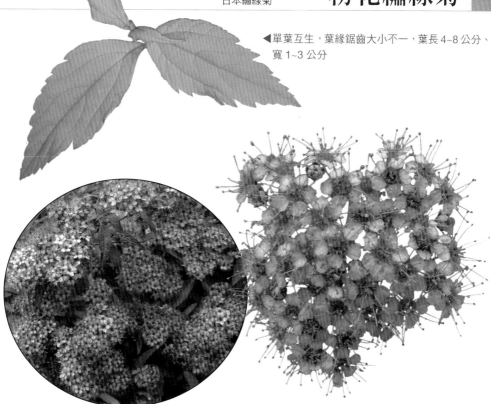

◀單葉互生，葉緣鋸齒大小不一，葉長 4~8 公分、寬 1~3 公分

▲繖房花序，粉紅小花密集成球狀

▲小花徑約 0.6 公分，雄蕊細長、數多

▼灌木，株高可達 1.5 公尺，夏季開花

紅花羊蹄甲

・學名
Bauhinia galpinii
・英名
Pride of the cape, African plume
・原產地
南非

▲嫩枝葉被毛

▲嫩葉背

▲葉兩端凹入，端凹下處有細尖
突，葉基發出放射脈 5~7 條

▲果實

▲短總狀或繖房花序，頂生或與葉對生，
每一花序有 6~10 朵小花，花蕾外被毛

▲花冠徑約 5 公分

▼蔓灌，株高可達 2 公尺，花期夏秋 (中科通山公園)

▼頭狀花序，徑 3~4
公分，紅色花絲數多

· 學名
Calliandra emarginata
· 英名
Miniature powder puff
· 原產地
墨西哥

紅粉撲花

頭狀花序

▲葉基歪耳形，中肋兩側
寬度比約 1：3

▼夏季為盛花期 (臺中潮洋環保公園)

▲ 2 回偶數羽狀複葉，有 6 片小葉，羽片
1 對。葉長 2~5 公分、寬 1~3 公分

▼金門伯玉路 2 段

▲金門縣水產試驗所

含羞草科

艷紅合歡

· 學名
Calliandra brevipes
· 英名
Pink powderpuff
· 原產地
北美洲、墨西哥

▲小葉長不及 1 公分、寬約 0.15 公分，
葉面深綠色，葉基歪

▲陰天或夜間
葉片會閉合

▲2 回 2 出羽狀複葉，
羽葉長 2~5 公分

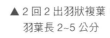

▼枝葉細緻的常綠灌木 (龍谷大飯店)

▲羽片 1 對，小葉
25~40 對，羽片
與小葉均對生

▶花絲細長，長約 3 公分，
下端白，上端玫瑰紅

▼頭狀花序腋生，徑約 6 公分

花苞

▶全年多次開花，葉片極細小，
花絲細長，整株呈細緻感

▲田尾菁芳園

含羞草科

紅絨球

· 學名
Calliandra haematocephala
· 英名
Red powder puff,
Red-headed calliandra
· 別名
紅合歡，美洲合歡
· 原產地
玻利維亞、模里西斯與巴西

◀ 葉背與葉柄被毛

▶ 莢果扁帶狀，長約 10 公
分、寬 1.5 公分

種子

▲ 葉歪披針或彎刀狀，
葉基鈍歪；小葉片長
1~4 公分、寬 0.5~1.5
公分

▲ 2 回偶數羽狀複葉，羽片
1 對、小葉 4~10 對

▶ 盛開時，紅色花絲直出、數多，
整體成球狀，徑 5~8 公分

▶ 頭狀花序腋出，
此為花蕾群

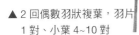

▼ 一年四季常開花，僅冬季稍少，盛花期為夏季
（中臺禪寺）

▲ 白絨球

- 學名
  Calliandra surinamensis
- 英名
  Surinam powder puff
- 原產地
  蘇利南島
- 別名
  粉紅合歡、蘇利南合歡

粉撲花

◀小葉歪披針形，葉基鈍歪，小葉長 1~2 公分、寬 0.4 公分

◀2 回偶數羽狀複葉，羽葉長約 8 公分

◀頭狀花序，徑約 4~5 公分，由無數細長花絲聚合，形似粉撲，故名之

— 花蕾群

▼花於夜間綻放，清晨漸萎凋，夏季盛花

▼花絲基部白色，上端粉紅

錦帶花

· 學名
  Weigela florida
· 英名
  Cardinal shrub
· 原產地
  中國、韓國、日本

▼葉長 5~10 公分，短柄或無柄，緣疏淺鋸齒

▲單葉對生，嫩枝葉佈短柔毛

◀單生或聚繖花序 5~7 朵，
腋生

落葉灌木，春夏開花

▼花冠漏斗狀，長 3~4 公分、
徑 2 公分

· 學名
Daphne odora 'Aureomarginata'
· 英名
Gold-edged winter daphne

金邊瑞香

▼常綠灌木，單葉互生至簇生，
綠葉緣淡黃色斑，忌強光

▲葉長 8~10 公分、
寬 2~4 公分，全緣

▼頂生頭狀花序，花萼筒管狀，
長約 1 公分

▲無花瓣，萼筒花冠狀，花萼外紫紅粉色、
內面白色，具芳香

法國秋海棠

· 學名
Begonia 'torch'
· 英名
Angel wing begonias
· 別名
大紅秋海棠

· 園藝栽培種

葉面

葉背

▶單葉互生，葉形為不對稱
　卵長橢圓、肉質，
　新葉紅色

▲葉面綠褐紫、葉背紅紫，葉緣波狀鋸齒，
　葉長 10~15 公分、寬 5~8 公分

新葉——

◀雌雄異花

▼大型花序腋生，小花徑約 1.5 公分

▼幾乎全年開花，適半日照
　或半蔭處 (臺中全
　國大飯店)

▼常綠亞灌木，株高多 1 公尺以下 (霧峰省議會)

・學名
Abelmoschus moschatus subsp. *tuberosus*
・別名
前巢秋葵
・園藝栽培種

紅花香葵

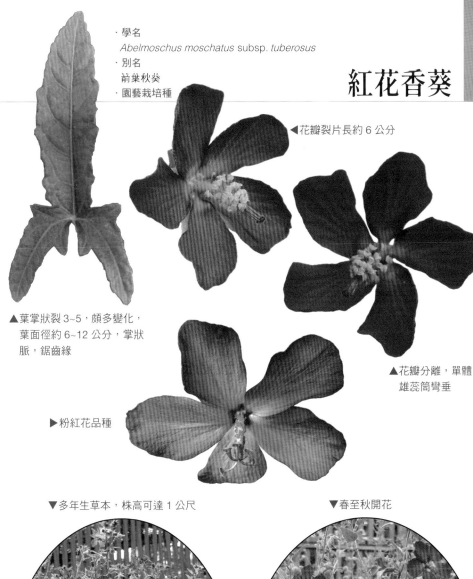

◀花瓣裂片長約 6 公分

▲葉掌狀裂 3~5，頗多變化，葉面徑約 6~12 公分，掌狀脈，鋸齒緣

▲花瓣分離，單體雄蕊筒彎垂

▶粉紅花品種

▼多年生草本，株高可達 1 公尺

▼春至秋開花

錦葵科

紅燈籠

· 學名
Abutilon megapotamicum
· 英名
Brazilian bell flower
· 別名
蔓性風鈴花

· 原產地
巴西

▲枝長，易下垂

▲單葉互生，緣粗鋸齒，葉基心形，
掌狀脈 3~5 出，葉長 5~8 公分

◀深紅色花萼、燈籠狀，
端 5 裂，鑽出黃花，
花徑約 3~5 公分

▼兩性花，單花腋生，
懸垂狀，花梗細長

◀常綠蔓灌，株高
可達 2 公尺

▼全日照處常開花 (東勢林場)

· 原產地
南非

· 學名
Anisodontea capensis

· 英名
Cape mallow, Dwarf hibiscus

· 別名
小木槿、迷你扶桑、玉玲瓏

玲瓏扶桑

錦葵科

▲花粉紅，花藥未爆花粉前呈深紫色，
花徑 2~3 公分

▼常綠亞灌木，株高可達 1.5 公尺，
花期夏至秋

▶單葉互生，
花腋生

▲每朵花僅
綻放一天

葉面　　　葉背

▲葉掌狀 3 裂，掌狀脈，
具托葉

 — 托葉

▶葉背與枝條
均被毛茸

▲葉掌狀 5 裂，
葉徑 3~6 公分

錦葵科

裂瓣朱槿

· 學名
Hibiscus schizopetalus
· 英名
Fringed hibiscus
· 原產地
東非

▲單葉互生，葉柄長 1.5 公分，
　葉長 4~7 公分、寬 2~3 公分，
　花蕾柄頗長

▶葉卵橢圓形，葉緣鋸
　齒，葉基有掌狀脈 3 出

▼花紅橙色，花瓣深細裂、反捲，
　花冠徑約 6 公分，雄蕊合生成
　筒狀，下垂，伸出花冠外

▶常綠蔓灌，株高可達 2
　公尺，枝條長、易下垂

· 原產地
　墨西哥、秘魯、巴西

· 學名
　Malvaviscus arboreus

· 英名
　South American wax mallow

· 別名
　大紅袍

南美朱槿

▲ 花期幾乎全年，僅夏季較少 (菁芳園)

▲ 常綠灌木，株高可達 2 公尺

▼ 粉花品種

◀ 花瓣螺旋狀卷曲、不開展，花下垂狀，
　冠徑 2~3 公分、長 5 公分

▶ 葉卵形，葉基有掌狀脈
　5~7 出，葉長 8~12 公
　分、寬 4~7 公分

南美朱槿與美國朱槿

項目	南美朱槿	美國朱槿
毛茸	無	幼嫩處被毛
葉長、寬	葉長 > 葉寬	葉形變化多
花朵之開展	無	半展
花瓣長 (公分)	5	2~3
花冠徑 (公分)	2~3	1.5~2
單體雄蕊筒伸出花冠	<1 公分，花蕊微露	>1 公分，花蕊全露
花朝向	下	上

錦葵科

美國朱槿

· 學名
Malvaviscus arboreus
· 英名
Turk's cap
· 別名
沖天槿、小紅袍

· 原產地
南美、墨西哥

▲花朝上，綻放後期
　花朵會半展開，花
　冠徑 1.5~2 公分

▶單體雄蕊筒伸出
　花冠外，長度約
　與花瓣相同。偶
　見紅果

▲單葉互生，葉形多變化，
　長卵、卵、淺心至淺掌裂
　葉，葉基有掌狀脈 5~7 出

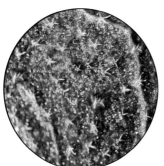

▲葉兩面均被星狀毛

▶常綠灌木，四季常開花

· 學名
Pavonia × *gledhillii*
· 英名
Pavonie
· 園藝栽培種

麗紅葵

── 副花萼

▲5 花瓣紫褐色、彼此疊生，完全不展
開，雄蕊之花絲紫紅褐色，花藥藍色

▲內部主花萼較副花萼短小，僅5片，
紫紅褐色。花長 6~10 公分，花梗
長 10~15 公分

▶常綠亞灌木，株高可達 1.5 公尺；單葉互生，葉
長 20~35 公分、寬 6~10 公分、柄長 10~15 公分

▲7~9 月開花，花朵下方最外側的副萼玫瑰紅色、
線披針形，約 10 片

· 學名
Malpighia glabra
· 英名
West Indian cherry, Barbados cherry
· 別名
西印度櫻桃

· 原產地
熱帶美洲

大果黃褥花

▶葉革質，羽狀側脈 4~6 對，
葉面色濃綠

葉面

◀嫩枝、葉背佈毛

▲單葉對生，葉長4~5公分、寬2~3
公分、柄長 0.2 公分，腋芽發達

◀果實富含維他命C，
徑 2~2.5 公分

▲▼聚繖花序腋生，
花瓣邊緣波浪狀，
花冠徑 1~1.5 公分

▲常綠灌木，株高可達 2 公尺

- 學名
  Malpighia glabra cv. Fairchild
- 別名
  小李櫻桃
- 園藝栽培種

小葉黃褥花

▲新嫩枝葉被毛

▶老枝紫褐色，密佈皮孔，腋芽發達

▲單葉對生，葉長約 3 公分、寬約 1 公分

▶花瓣緣波浪狀，具瓣柄，雄蕊黃色，花徑 1.5~2 公分

▼常綠灌木，常見開花，枝葉細緻，株高多 1 公尺以下

大戟科

紅穗鐵莧

- 學名
  Acalypha hispida
- 英名
  Red hot cat's tail, Chenille plant
- 別名
  長穗鐵莧、紅花鐵莧、貓尾花
- 原產地
  印度、緬甸、新幾內亞、
  馬來群島

▶長綠灌木，株高可達 2 公尺。
單葉互生，葉闊卵形，掌狀脈
3~5 出，葉長達 15 公分、寬達
10 公分

◀春末至秋開花，花序長達 30 公分、徑約 2 公分

粉紅穗鐵莧 (臺中花博后里園區)

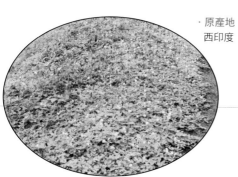

· 原產地
　西印度

· 學名
　Acalypha pendula
· 英名
　Dwarf chenille
· 別名
　紅尾鐵莧

紅毛莧

▲株高多不超過 25 公分，與
　蔓花生混植 (東勢林場)

▼卵形葉，葉 2 面具毛，粗銳鋸齒緣；
　葉長 3~5 公分，寬 2~4 公分

▲種在道路中央分隔島的邊緣，
　植株低矮無須修剪，還可抑制
　日後長出高雜草（臺灣大道）

▶全年除冬季外常開花，雌
　花序長穗狀，長約 10 公分

▼常綠蔓灌

紅穗鐵莧與紅毛莧

紅毛莧的葉片小、植株低矮，花序較短胖

項目	紅穗鐵莧	紅尾鐵莧
葉緣鋸齒	細、鈍	粗、銳
葉片長、寬 (公分)	10~15、8~10	3~5、2~4
花序長 (公分)	30	10

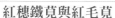

▲斑葉紅尾鐵莧

大戟科

紅葉痲瘋樹

· 學名
Jatropha gossypiifolia var. *elegans*
· 英名
Bellyache bush
· 原產地
熱帶美洲

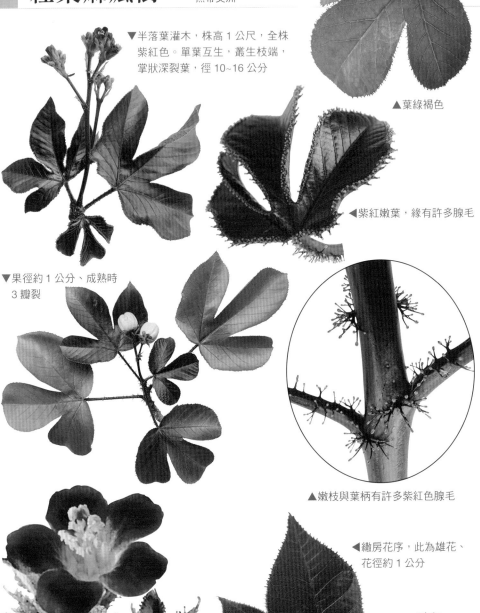

▼半落葉灌木，株高 1 公尺，全株紫紅色。單葉互生，叢生枝端，掌狀深裂葉，徑 10~16 公分

▲葉綠褐色

◀紫紅嫩葉，緣有許多腺毛

▼果徑約 1 公分、成熟時3 瓣裂

▲嫩枝與葉柄有許多紫紅色腺毛

◀繖房花序，此為雄花、花徑約 1 公分

◀單性花，雌雄同株異花，4~10 月開花

・原產地
西印度群島

・學名
Jatropha pandurifolia

・英名
Violin-leaved nut

・別名
琴葉櫻、紅花假巴豆、四季櫻

日日櫻

▲特別培育成單幹的小喬木
（臺中裕元酒店）

葉背

葉面

齒牙

▲葉基有掌狀脈3出，
全緣、僅下部具2~3
對齒牙

▲葉基緣有突
出齒牙

▲日日見其花朵，故名日日櫻
（金門）

▼常綠灌木（金門）

▲繖房花序頂生

雌花

▶花單性，雌花多在花序中
央，冠徑約1.5~2公分

粉紅日日櫻
Jatropha pandurifolia
'Pink'

蓇果，徑約 1 公分

▲▼花色粉紅、雄花的花藥黃色

▲也會結果

戟葉日日櫻 *Jatropha integerrima*

▲又名大花日日櫻，花徑約 3 公分

▲葉形多變化

· 原產地
　熱帶美洲、西非

· 學名
　Jatropha multifida
· 英名
　Coral plant
· 別名
　細裂珊瑚樹

▼果實

細裂葉珊瑚油桐

▲常綠至半落葉灌木，株高可達 2 公尺；
　單葉互生，多叢生枝端

▶葉形多變化，葉幅
　與柄長 15~30 公分

葉背

▼掌狀 7~11 深裂葉，裂
　片呈不規則之羽尖裂

▲托葉纖絲狀

▲熱帶地區四季
　常開花

▲聚繖花序頂生，花冠徑 0.5 公分

▲誘蝶植物

大戟科

珊瑚油桐

· 學名
Jatropha podagrica
· 英名
Gout stalk
· 別名
佛肚樹、葫蘆油桐

· 原產地
中美、西印度、哥倫比亞

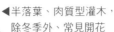

▶樹幹粗肥

◀半落葉、肉質型灌木，
除冬季外、常見開花

▶半圓盾形葉，全緣、
掌狀 3~5 中裂，
葉中央有輻射狀
脈，直達裂端

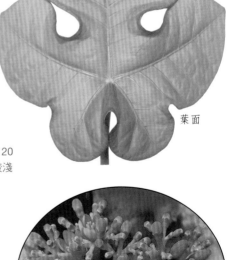

葉面

▲葉幅與柄長約 20
公分，葉背色較淺

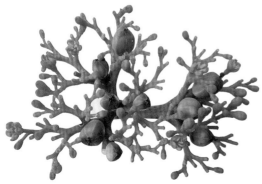

▲蒴果橢圓球形，雌花已形成果實，
四周之雄花仍繼續綻放

▲密繖花序之分枝展開狀如紅色珊瑚，
故名珊瑚油桐

大戟科

· 學名
Pedilanthus tithymaloides
· 原產地
熱帶美洲

紅雀珊瑚

▼花葉紅雀珊瑚，又名變色龍，
葉色多彩

▼紅彩紅雀珊瑚

▲卷葉紅雀珊瑚
Euphorbia tithymaloides subsp.
smallii，株高約 50 公分，葉長約
4 公分

▼蜈蚣紅雀珊瑚 *Pedilanthus tithymaloides*
cv. *Nana* 'Green'

▼紅雀珊瑚 *Pedilanthus tithymaloides*，
葉長 5~8 公分、寬 3~4 公分，
嫩枝葉佈毛

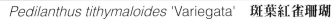

Pedilanthus tithymaloides 'Variegata' 斑葉紅雀珊瑚

▲紅色總苞，左右
對稱；花 0.4×1
公分，春開花

▲常綠小灌木，
莖葉肉質

▲全株平滑，葉面
波狀，肉質，短
小葉柄

▲聚繖花序狀如珊瑚，
紅花宛如一小紅雀，
故名之

大戟科

錫蘭葉下珠

· 學名
Phyllanthus myrtifolius
· 英名
Myrteleaf leaf flower
· 原產地
印度、斯里蘭卡

▼葉背色較淺，
羽狀側脈 5~9 對

葉背

▼葉基具耳垂，葉柄極短，
嫩枝紅褐色、佈毛

耳垂

▲葉 2 列狀，長橢圓
形葉，長 1~1.5 公
分、寬 0.2 公分

◀花紫紅色
，狀如小圓球，冠
徑 0.2 公分，花梗細長
1~2 公分

花期春天，
雌雄同株異花，
單花簇生葉腋

▼常綠灌木，葉細小且密生，
長枝條易下垂 (谷關)

▲整體質地細緻，易修剪整型

· 學名
Chamelaucium uncinatum
· 英名
Wax flower
· 原產地　· 別名
澳洲　　　淘金彩梅、蠟花

蠟梅

▼單葉對生，線形似松針，
　長 2~4 公分

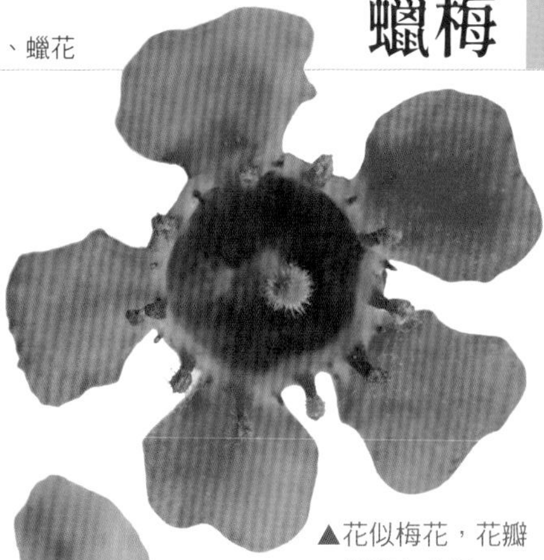

▲花似梅花，花瓣
　蠟質富光澤

▲花徑約 2 公分

▼小花群聚

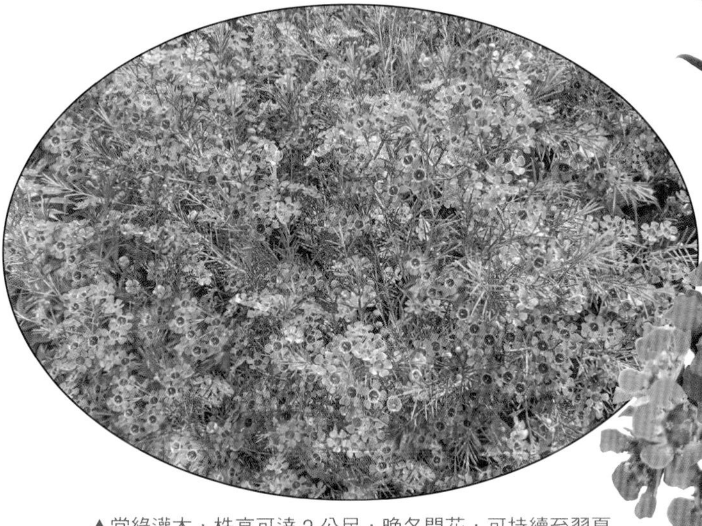

▲常綠灌木，株高可達 2 公尺，晚冬開花，可持續至翌夏

桃金孃

- 學名
  Rhodomyrtus tomentosa
- 英名
  Downy rose myrtle
- 臺灣原生種

▼果徑約 1.5 公分，
花萼宿存

▶ 1-3 朵短聚繖花序腋
生，雄蕊數多，單
葉，近十字對生

▼沿葉緣具吻合脈，葉
長 3~7 公分、寬 2~3.5
公分、柄長 0.5 公分

———吻合脈

▼嫩枝芽密覆
毛茸

▲葉背明顯可見沿緣
的吻合脈

葉面

▼花徑約 2.5 公分，圓球形花蕾被
毛、銀灰白，晚春至初夏開花
(竹科世界先進)

葉背

▲葉背淺綠、被柔毛，
主脈黃綠色

▶常綠灌木 (竹科世界先進)

- 學名
  Cuphea hyssopifolia
- 英名
  Cuphea, False heather
- 原產地
  墨西哥、瓜地馬拉

細葉雪茄花

◀嫩枝有紅紫色細毛茸

細毛茸

▶單葉對生，近似 2 列狀

◀葉長約 2 公分、寬約 1 公分、柄長 0.1 公分

▼枝葉細緻的常綠亞灌木 (臺中文學館)

▲株高多不及 60 公分

◀花單立，頂生或腋出，花冠徑 0.5~1 公分

▼花雖小、但花數多、且四季常開花

▼粉花品種

▼2 種花色混植

▼白花品種

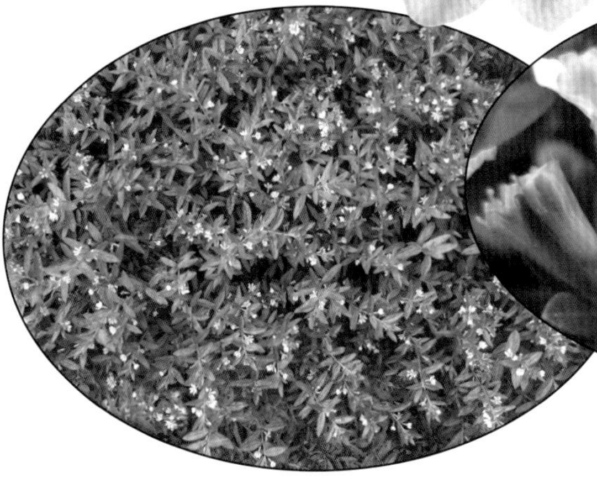

▲白花細葉雪茄花

· 學名
Cuphea ignea
· 英名
Cigar flower, Firecracker plant
· 原產地
墨西哥

雪茄花

▼橘紅色的長筒狀花萼,徑0.3公分,長2.5
公分,萼端有一塊雪白斑塊,整體狀似
雪茄

雪白斑塊 —

▲葉長約 3~5 公分、寬 1~2 公分、
柄長 0.5~1 公分

▲株高多 50 公分以下

▲單花腋生,花
萼具觀賞性

◀常綠低矮亞灌木

千屈菜科

小瓣萼距花

- 學名
  Cuphea micropetala
- 英名
  Candy corn plant
- 別名
  微瓣雪茄花

- 原產地
  墨西哥

▲初開花色偏黃，隨花朵綻
放，花色漸改變，下部轉
紅色，上部黃色

▲花快凋謝前，全轉紅色。單葉近對生，
線披針或長橢圓葉，長 8~13 公分、寬
約 1~2 公分，幾乎無柄

大紅花品種　*Cuphea* × *purpurea* 'Firefly' (Firefly bat face cuphea)

▲花大紅色，冠端紫紅

▶常綠灌木，
全日照或半蔭
處皆適合

園藝栽培種　*Cuphea hybrid* (Twinkle pink cuphea)

▼株高 30~40 公分

▼▶管狀花，長管紅
色、前端花冠粉紫色

· 學名
Lythrum salicaria 'Feuerkerze'
· 英名
Spiked loosestrife
· 別名
千曲花、千禧花

· 園藝栽培種

美麗千屈菜

▼單葉對生或輪生

▲葉長 4~8 公分、寬
1~1.5 公分、無柄

▲夏秋開花，喜濕地

▶花多 6 瓣，紅紫色，花徑 1-2 公分

▼多年生草本，株高約 1 公尺 (車埕)

▲長穗狀花序頂生，
長可達 40 公分

千屈菜科

圓葉節節菜

· 學名
  Rotala rotundifolia
· 別名
  水豬母乳
· 臺灣原生種

▼挺水葉圓形，單葉對生，無柄，葉長 0.5~0.8 公分、寬 0.3~0.6 公分

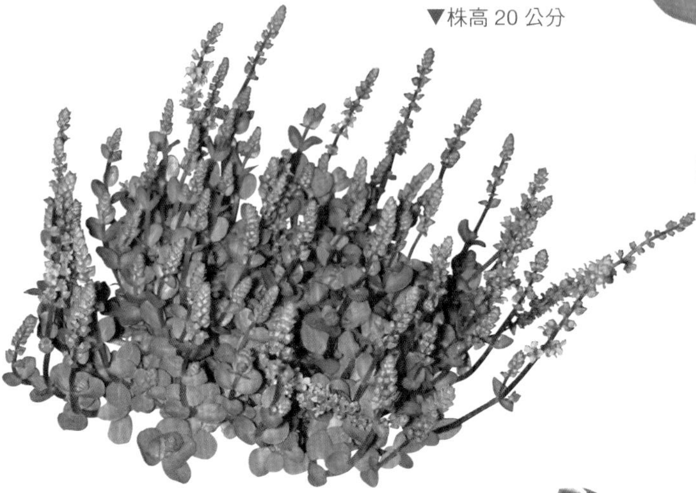

▼株高 20 公分

無柄

▼盛花期春天 (田尾豐田園藝，陳佳興拍)

▼多年生濕地草本 (臺中花博外埔園區)

▲穗狀花序頂生

- 學名
  Punica granatum
- 英名
  Pomegranate, Delima
- 原產地
  亞洲、中東至喜馬拉雅山、地中海沿岸

安石榴

▼嫩枝葉紅色

▼葉長約 5 公分、
寬 1~1.5 公分

▲不具頂芽優勢，
腋芽易萌發枝葉

▼花粉爆開時，
花瓣就脫落

◀花冠徑 3 公分，長 5 公
分；花萼肉質，與花
同為紅色，花不完全展
開，枝節處偶見尖硬
刺，刺長可達 1 公分

刺

▼全年開花結果，灌木，株高可達 3 公尺

▶果熟轉紅，
徑約 6 公分

安石榴科

重瓣紅石榴

· 學名
Punica granatum var. *pleniflorum*
· 英名
Double-flowering pomegranate
· 園藝栽培種

▲單葉對生，葉長 4~8 公分、寬 1~2 公分

吻合脈 ——

▲沿緣有波浪狀
吻合脈

▲花冠徑 6~10 公分，花瓣數極多，
瓣緣波浪狀

▼全年開花

▲花謝前變色

重瓣白石榴

重瓣粉橙石榴

重瓣粉石榴

大果石榴

▶果實碩大，果皮開
裂露出粒粒晶瑩剔
透的紅色種子

▶植株可高達 4 公尺

· 臺灣原生種

· 學名
Medinilla formosana
· 英名
Formosan medinilla
· 別名
蔓野牡丹、臺灣酸腳杆

臺灣野牡丹藤

▲單葉對生或 4~5 枚輪生，長
10~20 公分、寬 3~10 公分，2
對長側脈，其中 1 對為離基脈

▲花序長 15~20 公分，下垂狀，
小花冠徑約 1 公分

▶球形果，徑約 0.5 公分，熟時暗紅色

▼常綠蔓灌，株高可達 1.5 公尺，觀花賞果期頗長
（苗栗卓也小屋）

野牡丹科

寶蓮花

· 學名
Medinilla magnifica
· 英名
Rose grape
· 原產地
菲律賓、爪哇

▲小花內有 8~10 個粉紫色、
彎鉤狀的雄蕊

◀小花具 5~6 花瓣，瓣與萼
均粉紅色

▲下垂花序上端具多片長卵形總苞，
長可達 10 公分、粉白色，小花冠
徑約 2 公分

▲葉厚革質，羽側脈 3~4 對、
常對接，長 20~30 公分、寬
8~15 公分，全葉平滑

◀單葉對生或輪生，
卵橢圓形，無柄

▶果球形，徑 0.7 公分

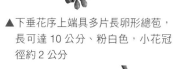

▶熱帶雨林附生植物，耐陰。常綠灌木，
株高多 2 公尺以下。圓錐花序，長達
50 公分，每一花序可綻放長達 2 個月，
花期冬末至夏初

· 學名
Melastoma candidum
· 英名
Common melastoma
· 臺灣原生種

野牡丹

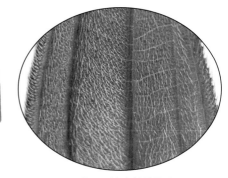

▲縱走掌狀脈 5~7
出，掌脈間之細脈彼
此平行，葉長 5~10 公分、
寬 3~6 公分

▼果實外被淺褐色剛毛、
果熟時不規則開裂

▲葉兩面皆密被長柔毛

▲嫩枝葉紅褐色、密佈毛，
單葉對生

▶花冠徑約 6 公分，
10 雄蕊，長短各半

▲春夏開花

▶常綠灌木，株高 1~1.5 公尺 (金門)

野牡丹科

臺灣厚距花

· 學名
Pachycentria formosana
· 英名
Formosan pachycentria
· 別名
紅果野牡丹

· 臺灣特有種

▲單葉對生，革質

果

▲葉全緣或疏細鋸齒，葉長4~7公分、寬約2公分、柄長0.5~1公分，革肉質，具掌狀離基3出脈，7~10月結果，果徑約7公分，熟紅色

▼常綠灌木，株高約1.5公尺 (溪頭)

▲ 5~7 月開花

▲花冠鐘形，徑約3公分；花藥隔基部下延，形成短距，故名厚距花

· 學名
Sarcopyramis napalensis var. *delicata*
· 英名
Nepal fleshspike
· 臺灣原生種

東方肉穗野牡丹

▶花單生，花徑約 1 公分，
8 雄蕊

果

▲葉緣鋸齒毛緣，葉長 1~3 公分、寬 1~2 公分，
葉基 3 出脈

果

▼蒴果球形，徑約 0.6 公分，
果熟頂端 4 瓣裂

◀多年生草本，花期 5~10 月，喜林下陰濕處

▶花有 3 瓣，每瓣長 1.5
公分，3 雄蕊、花藥黃
色，葉長 5~7.5 公分

Sonerila 'Green Spotted'　　**白點蜂鬥草**

▶多年生草，株高約 30 公分，
喜明亮散射光
或半日照

古巴拉貝木

· 學名
Ravenia spectabilis
· 英名
Pink ravenia
· 原產地
古巴

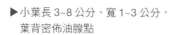

▶ 小葉長 3~8 公分、寬 1~3 公分，
葉背密佈油腺點

▲ 花兩側對稱，長約 2 公分、
徑 3.5 公分

◀ 3 出複葉對生，
嫩枝葉被毛，葉面透光可見油腺點

▶ 花基部有 2 綠色卵心形苞片，
長約 1 公分，內側
有 3 花萼、較小型

▲ 夏秋開花

—— 苞片

斑葉品種

Ravenia spectabilis 'Variegated'

▲ 果實

▲ 賞花與彩葉

▲ 常綠灌木，株高可達 2 公尺

茜草科

· 學名
Bouvardia hybrida
· 別名
紅茉莉、香水茉莉
· 園藝栽培種

寒丁子

▲此為重瓣品種，花徑約 1.5 公分，
花瓣較厚實，高腳杯形花具長管，
花期冬至翌春，花具香氣

▼常綠灌木，株高多
1 公尺以下

▲單葉十字對生，厚紙質，葉長 5~10 公分

茜草科

滇丁香

· 學名
Luculia pinceana
· 英名
Pince's luculia
· 原產地
中國、東南亞

▲花高腳碟狀，冠管細圓柱形，長 2~6 公分，花冠徑約 4 公分、裂片近圓形

▲灌木至小喬木，花期 3~11 月，5~10 月盛花期

▶繖房狀聚繖花序頂生，多花

▼單葉對生，全緣，葉長 10~20 公分、寬 2~8 公分、柄長 1~3 公分

▲花序如一大花球

▼小黃花易早落

· 學名
Mussaenda hybrida cv. *alicia*
· 英名
Pink mussaenda
· 園藝栽培種

粉萼花

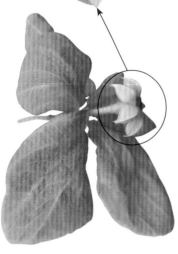

▶枝條、托葉、葉背與葉
柄的毛茸多而明顯

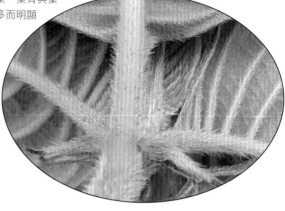

▲小黃花呈高盃合生、星形，
基部有 5 大型粉紅花萼

▶主要觀賞其肥大花萼，粉紅色，
型大且宿存長久

▼夏秋開花，落葉灌木，株高與冠幅約 2~3 公尺

▲單葉對生，葉長 7~10 公分、
寬約 4 公分

血萼花

· 學名
Mussaenda erythrophylla
· 英名
Red mussaenda
· 原產地
西非

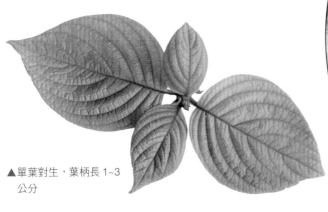

▲單葉對生，葉柄長 1~3 公分

▲葉背佈毛、脈毛紅色

葉面　　　　　　　葉背

▲葉長 10~15 公分，葉寬約 6 公分，葉背紅脈明顯

▲枝葉全體密佈紅毛茸

▼花期夏秋，紅花萼宿存，頗具觀賞性

▼落葉灌木，株高 1~2 公尺 (臺中豐樂公園)

 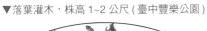 

◀繖房花序頂生，肥大紅花萼長 8~10 公分、寬約 5 公分，密被紅色毛茸，小花星形黃色

▲ 5 紅色花萼、僅 1 肥大

血萼花與粉萼花

開花時易於分辨，若僅觀察葉片，最大差異乃毛色不同，血萼花之毛為豔紅色，粉萼花之毛為粉白色；2 者之花萼肥大數目亦不同，血萼花之 5 萼片，僅 1 特別肥大，粉萼花則 5 片均肥大。

·原產地
古巴、巴拿馬、墨西哥等地

·學名
Rondeletia odorata
·英名
Fragrant Panama rose

郎德木

◀常綠灌木，株高可達 2 公尺。單葉對生，革質，具短柄，葉長 2~5 公分、寬 1~3.5 公分，葉面凹凸不平

▼花期 7~9 月，紅花之喉部黃橙色，花徑約 1 公分

· 學名
Callicarpa formosana
· 英名
Formosan beauty-berry
· 別名
臺灣紫珠

· 臺灣原生種

杜虹花

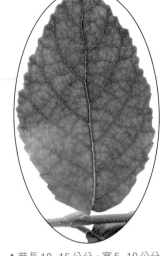

▶ 單葉對生，腋芽發達

▲ 嫩枝葉密披黃褐色粗毛茸

▲ 葉長 10~15 公分、寬 5~10 公分，
葉緣細鋸齒，柄長 0.7 公分

▼ 聚繖花序腋出，密花，花期 5~7 月

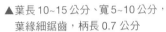

▲ 花冠與花絲皆為淡紫粉色，花徑 0.3 公
分，花絲長 0.5 公分，花藥黃色

▲ 常綠灌木，株高可達 3 公尺，
全株被褐色星狀毛茸

◀ 果期夏秋，核果球形，果徑 0.3 公分，果熟轉為紫色，
又名紫珠

▼單葉對生，枝葉無毛，葉長約 10 公
分、寬約 5 公分、葉柄長約 0.6 公分，
葉緣上半部有鋸齒

· 學名
  Callicarpa japonica
· 英名
  Japanese beauty-berry
· 臺灣原生種

日本紫珠

▶球形果實成對自葉
  腋長出，徑約 0.3 公
  分，果期 8~10 月

▼ 6~8 月開花，聚繖花序腋生，2~3 分
  歧，小花淡紫粉色，
  長約 0.3 公分

▲落葉或常綠灌木，株高可達 3 公尺，
  全株光滑無毛（南庄田媽媽）

▲恆春紫珠 *Callicarpa remotiserrulata*，
  僅嫩枝葉佈毛，葉面毛茸僅中肋與葉
  柄較明顯，葉端尖，葉緣疏淺鋸齒

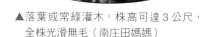

▲朝鮮紫珠 *Callicarpa japonica* var. *luxurians*，
  葉兩面光滑無毛、淺鈍粗鋸齒緣

Callicarpa americana **美國紫珠**

▲葉片較長、約 20 公分，葉緣淺圓鋸齒，
  僅枝條、嫩葉背與葉柄佈毛

▲落葉灌木，單葉對生

· 學名
Verbena bonariensis
· 英名
Purpletop verbena
· 原產地
南美洲

柳葉馬鞭草

▼頭狀花序呈繖房排列，頂生

▲漏斗形粉紫花，花冠 5 裂，花徑約 0.6 公分

▲葉長橢圓形至披針形葉，長約 10 公分、寬約 2 公分，鋸齒緣

▼夏秋開花，花朵能誘蝶 (臺中花博森林園區)

▲單葉對生，葉兩面色彩明顯不同，葉面粗糙，枝中空、四方型枝、稜具粗短毛。此為花莖抽高之葉，細長如柳，故名之

◀多年生常綠草本，株高可達 1.5 公尺

· 學名
Dicentra spectabilis
· 英名
Bleeding heart
· 原產地
中國、西伯利亞及日本

荷包牡丹

◀ 2 回 3 出葉

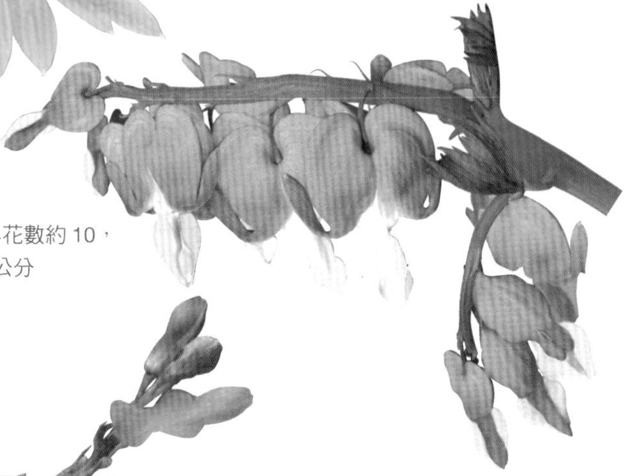

▶ 總狀花序長約 15 公分，小花數約 10，
同側下垂，花梗長 1~1.5 公分

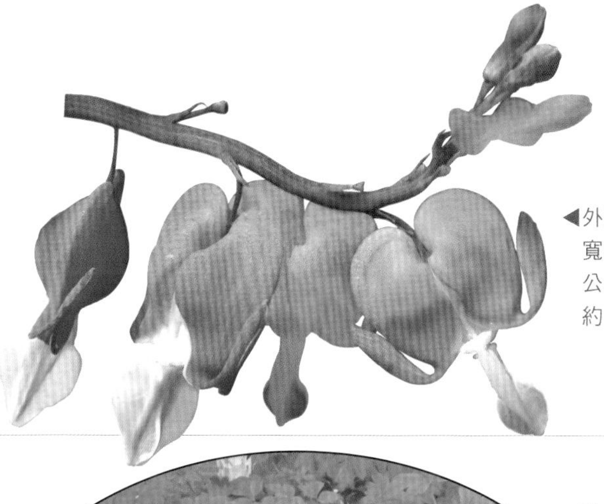

◀外花瓣紅粉色，下部囊狀長約 1.5 公分、
寬約 1 公分，上部內縮且反捲，長約 1
公分、寬約 0.2 公分，內花瓣白色、長
約 2 公分

▼白花品種，多年生草本，株高約 50 公
分，耐寒、不耐高溫，喜半陰

馬齒莧科

大花紅娘花

· 學名
Calandrinia grandiflora
· 英名
Rock purslane
· 原產地
智利

▶枝葉肉質，葉長 10~15 公分

◀花徑約 5 公分

▶常綠多年生肉質草本，株高約 60 公分，花枝可高達 90 公分，4~7 月開花

▶花中央子房綠色

▶花僅綻放 1 日

蓼科

· 學名
Polygonum cuspidatum
· 臺灣原生種

虎杖

◀單葉互生，長 10~15 公分、寬約 5 公分；綠葉中肋紅色，
葉柄與嫩枝紅紫色

◀果實外披有紅粉色增大的
花被，長約 3 公分

▼花單性，雌雄異株，此為雄花

▲雌花於綻放後，增大成紅色薄膜狀嫩果

▼多年生草本，株高 1~2 公尺，喜全日照
（合歡山）

▶花期 5~6 月（合歡山）

商
陸
科

· 學名
Phytollaca americana
· 英名
American pokeweed
· 別名
美洲商陸

· 原產地
北美洲

洋商陸

▼花序長約 20 公分，果序下垂，
果熟紫黑色、徑約 0.7 公分

◀單葉互生，葉長 10~25 公分、寬 5~15
公分，柄長 2~3 公分，枝條紫紅色

▼多年生草本，株高可達 2 公尺，
花白或桃紅色，花謝
後隨即結果

· 學名
Gaura lindheimeri
· 英名
Lindheimer's beeblossom
· 原產地
美國

山桃草

◀葉面中肋與羽側脈紅色

◀花期晚春至初秋，花蕾粉白，初開的花色較白，花謝時轉淺粉紅

▲單葉互生，葉長約 6~8 公分、寬約 1 公分，鋸齒緣，嫩枝葉有毛茸

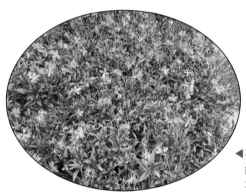

▶花序可長達 80 公分，花瓣長 1~1.5 公分，花色桃紅，花徑 2~3 公分，8 雄蕊、4 花瓣

◀花從開至謝，花色可能改變，清晨初開白花，傍晚轉粉紅

白、淺粉花品種

▼多年生宿根草本，株高可達 1 公尺

▼白花

▼淺粉花

茄科

瓶兒花

· 學名
Cestrum purpureum

· 英名
Red cestrum

· 別名
粉夜香木、紫花夜丁香、夜紫香花、紫瓶子花

· 原產地
墨西哥

▶葉背佈毛，中肋、葉柄與
枝條的毛茸特別明顯

◀葉面有毛

◀單葉互生，葉長卵披針形，全緣
波狀，葉長 10~15 公分、寬 3~10
公分，嫩枝葉偏紅紫色、有毛

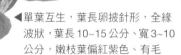

▶頂生圓錐花序，
花枝易下垂

▶花長約 2 公分，徑不足
1 公分；花型像瓶子，
故名之，花粉紅色

▼常綠灌木，株高可達 2 公尺，柔軟長枝易下垂，
如蔓灌，全年開花 (溪頭)

▼紅瓶兒花
Cestrum newellii

· 學名
Buddleja davidii
· 英名
Butterfly bush
· 原產地
中國

大葉醉魚草

香花植物且誘蝶。與醉魚草具明顯差異，大葉醉魚草的植株較高大，可達 5 公尺，葉較長、可達 20 公分，花序較長、可達 30 公分，全株多處被灰白毛。

▶枝條方形，全株多
處有灰白絨毛

◀單葉對生，葉長 10~20
公分、寬 3~6 公分

▼灌木，株高可達 5 公尺、
枝條長易彎垂 (梅峰)

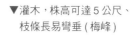

▲新嫩枝葉銀白色

大葉醉魚草

▶花萎謝後，不自動掉落

▶花序長達 30 公分，花
色多種，花軸覆銀白毛
（梅峰）

▲花與銀白葉均具觀賞性

彎花醉魚草

· 學名
Buddleja curviflora
· 臺灣原生種

◀葉長 5~12 公分，全緣或不明
顯細齒緣，嫩枝葉被黃褐色毛

▼頂生穗狀花序，長達 15 公分，彎垂，
花白至淡紫紅色（田尾豐田園藝）

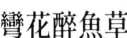

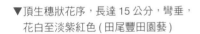

▶花期頗長

· 學名
  Buddleja lindleyana
· 英名
  Lindley butterfly-bush
· 原產地
  中國

玄參科

醉魚草

花葉揉碎丟入水，魚會麻醉，故名之。為誘蝶植物，故英名為 Butterfly Bush。

▲單葉對生，葉長 5~8 公分、寬約 3 公分；嫩枝葉密覆銀白短柔毛，老葉毛漸稀

◀直立頂生穗狀花序，長 10~15 公分

葉面　　　　葉背

▲葉背銀灰白

▶花冠筒狀，長 1.5 公分、徑約 0.4 公分

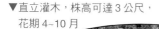

▶花色隨綻放有些變化，粉至玫瑰紅

◀斑葉品種

▼直立灌木，株高可達 3 公尺，花期 4~10 月

▲紫花品種

玄參科

紅花玉芙蓉

· 學名
Leucophyllum frutescens
· 英名
Texas sage
· 原產地
美國德州、墨西哥

▼葉長 2~4 公分、
　寬 1~1.5 公分

▶花 2 側對稱，徑約 3 公分，
　長約 2.5 公分，內面具毛

▼常綠灌木，株高可達 2 公尺，枝葉銀灰色，
　夏至秋季開花 (國道淺山生態復育園區)

葉背

▲全葉密被銀白色毛茸

紅花小葉玉芙蓉

▼全株、甚至花苞均密被銀白
　毛茸，葉長不及 2 公分

◀花 2 側對稱，徑約 3 公分，
　長約 2.5 公分，內面具毛

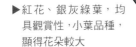

▶紅花、銀灰綠葉，均
　具觀賞性，小葉品種，
　顯得花朵較大

· 學名
Russelia equisetiformis
· 英名
Coral fountain

· 原產地　　· 別名
墨西哥　　花丁子

炮竹紅

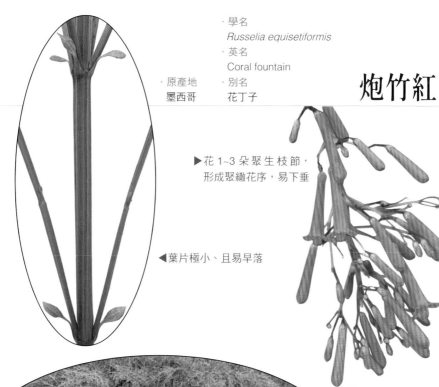

▶花 1~3 朵聚生枝節，
　形成聚繖花序，易下垂

◀葉片極小、且易早落

▲亞蔓灌，枝長易彎垂，花四季常開

◀花冠徑約 0.6 公分，
　長約 2 公分

（臺中花博外埔園區）白花炮竹紅

爵床科

彩葉木

- 學名
Graptophyllum pictum
- 英名
Caricature plant
- 別名
錦葉木、錦彩葉木

- 原產地
新幾內亞

▼ 單葉對生，葉長 10~16 公分、寬 5~8 公分，葉色多彩，嫩枝紫紅色

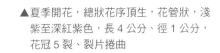

▲ 夏季開花，總狀花序頂生，花管狀，淺紫至深紅紫色，長 4 公分、徑 1 公分，花冠 5 裂、裂片捲曲

▲ 常綠灌木，株高可達 2 公尺

◀ 主枝直立，全日照之葉色較亮黃

· 原產地
巴西

· 學名
Justicia carnea

· 英名
Brazilian plume, The king's crown

· 別名
珊瑚花

串心花

爵床科

▼穗狀花序、徑超過 5 公分、
長近 10 公分

◀小花 2 唇狀，開裂約 2.5 公
分，徑 0.7 公分、長 5 公分

◀苞片、枝葉均密佈毛茸

▲單葉對生，葉長約 10~13 公分、寬 4~5 公分

▼葉背毛茸多

◀常綠或半落葉亞灌木，株高多不超過 1 公尺，
喜半日照　（田尾菁芳園）

爵床科

小蝦花

· 學名
Justicia brandegeeana
· 英名
Shrimp plant
· 別名
紅蝦花

· 原產地
墨西哥

▶唇狀，白色下唇端 3 淺裂，有 2 排整齊
分佈之紫紅色小斑塊，花冠徑 0.5 公分

— 小花

苞片

◀穗狀花序，苞片重疊密生，
苞片初呈黃橙色，後漸轉紅

▼單葉對生，淺綠葉
背與葉柄均被毛茸

▲斑葉品種

▶葉基漸狹，葉長 3~8
公分、寬 2~4 公分、
柄長 1~2 公分

▶艷紅苞品種

▶常綠蔓灌，常開花，冬季
較少，紅苞片觀賞持久

·學名
Megaskepasma erythrochlamys

·原產地
巴西

·英名
Brazilian red-cloaks

·別名
紅苞花

赤苞花

▲葉柄佈毛、
有稜線

▲葉背佈毛

▶管狀花冠，2側對稱，長約
6公分，2唇狀，上唇2裂、
下唇3裂，小花粉白色，
早謝

▲單葉對生，葉全緣波狀，長約 20 公分、
寬約 10 公分

▼常綠灌木，株高可達 3 公尺 (南元休閒農場)

▲總狀花序頂生，長達 30 公分，
紅紫色苞片長約 5 公分、寬 2
公分，宿存，為主要觀賞部位，
秋至翌春開花

爵床科

紅樓花

· 學名
Odontonema strictum
· 英名
Firespike, Scarlet flame
· 原產地
中美洲

▶單葉十字對生，葉長
10~15 公分、寬 3~8
公分、柄長 1~2 公
分，新葉色翠綠

▶葉背中肋與主
羽側脈毛多

▼常綠灌木，株高可
達 2 公尺，葉片
大型

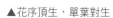

▲花序頂生，單葉對生

▶花序全體呈紅色，長可達 30 公分

▼長管狀小花，2 側對稱，
長 3 公分，冠 5 裂、徑
1 公分

▼花四季常開，晚夏至冬天為盛花期

· 學名
Pachystachys coccinea
· 英名
Cardinal's guard plant
· 原產地
千里達、圭亞那

紅珊瑚

爵床科

◀常綠灌木，株高可達 2 公尺；單葉對生，葉長
15~20 公分、寬 7~10 公分、柄長約 2 公分

▶花期夏秋，穗狀花序長達 15 公分，頂生，花冠 2 唇形，
徑 2~3 公分、長 5 公分，花紅、苞片綠色

爵床科

紫美花

· 學名
Ruspolia seticalyx
· 原產地
非洲中東部、馬達加斯加

◀單葉對生，葉長 10~20 公分、
寬 5~10 公分、柄長 1 公分，
葉有疏毛

▶圓錐花序頂生，
長可達 30 公分

▲花具長管，長 2~3 公分；5
花瓣、2 側對稱，花徑
約 4 公分

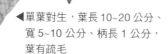

▶常綠亞灌木，株高可達 1 公尺，
不畏熱、喜半陰

- 學名
  Pseuderanthemum laxiflorum
- 英名
  Phillipine violet
- 原產地
  印度、中美洲

紫雲杜鵑

▲單葉對生，或近於十字對生；花冠長筒狀漏斗形，長 4~5 公分

▶葉長 5~8 公分、寬 2~3 公分，羽狀側脈 5~8 對

▶葉背色較淺

▲花 5 瓣，上 2 小、下 3 大，2 雄蕊、深紫色，分叉直出、貼近 2 小花瓣

▼花期夏秋

▲冠徑 3~4 公分

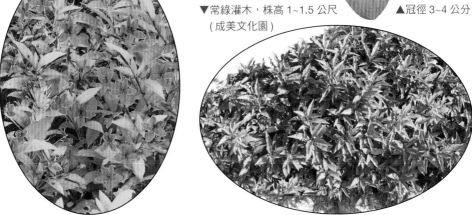

▼常綠灌木，株高 1~1.5 公尺（成美文化園）

爵床科

紅鐘鈴

· 學名
　Ruellia macrantha
· 英名
　Ruellia
· 別名
　緋鵑花

· 原產地
　巴西

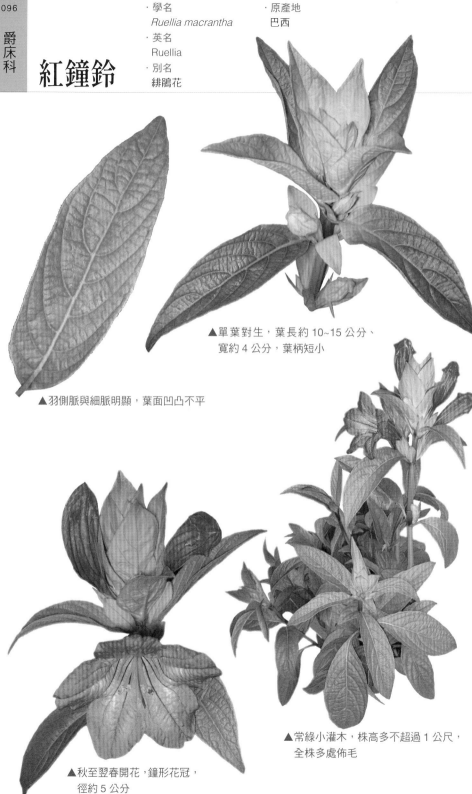

▲單葉對生，葉長約 10~15 公分、
　寬約 4 公分，葉柄短小

▲羽側脈與細脈明顯，葉面凹凸不平

▲常綠小灌木，株高多不超過 1 公尺，
　全株多處佈毛

▲秋至翌春開花，鐘形花冠，
　徑約 5 公分

◀單葉對生，嫩枝葉
　有毛茸

・學名
　Ruellia rosea
・英名
　Red ruellia
・原產地
　南美、墨西哥

大花蘆莉

▶葉長 10~15 公分、
　寬 4~6 公分

▲花序腋生，漏斗型花

▲花冠徑 3~4 公分

▼每朵花僅綻放 1 日，全年常開花，
　冬季較少 (科博館)

▲常綠小灌木，植株低矮，
　株高多 1 公尺以下 (科博館)

·學名
Holmskioldia sanguinea
·英名
Chinese hat plant
·別名
斗笠花、金錢藤

·原產地
喜馬拉雅山區低地

洋傘花

▼洋傘花，以及英名 Chinese hat plant，指其萼片形似中國斗笠或洋傘，徑約 2 公分

▲花凋謝後，大型紅橙色花萼宿存，延長賞花期

▼半落葉蔓灌，長枝條彎垂伸展，秋季為盛花期 (科博館)

▲真正的花是從圓傘的萼片中央伸出的長管狀花，長約 2 公分

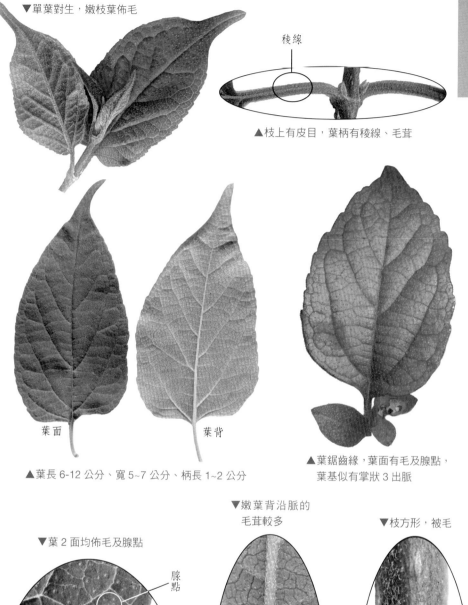

▼單葉對生，嫩枝葉佈毛

稜線

▲枝上有皮目，葉柄有稜線、毛茸

葉面　　　　　　葉背

▲葉長 6-12 公分、寬 5~7 公分、柄長 1~2 公分

▲葉鋸齒緣，葉面有毛及腺點，
葉基似有掌狀 3 出脈

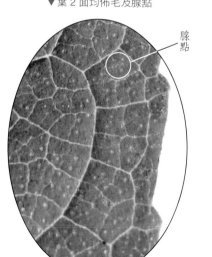

▼葉 2 面均佈毛及腺點

腺點

▼嫩葉背沿脈的
毛茸較多

▼枝方形，被毛

唇形科

蝶心花

· 學名
  Karomia speciosa
· 英名
  Purple chinese hat
· 別名
  紫洋傘花

· 原產地
  非洲東部至馬達加斯加島

▼幼嫩部被毛

▲單葉對生，闊卵形葉，長 3~5 公分、寬 2~3 公分，粗圓鋸齒緣

▶春至秋開花，花色粉中帶紫

▶唇形花紫色，長約 2.5 公分，雄蕊較長

▲粉紅色圓形花萼 5 淺裂，徑約 2.5 公分

▼常綠灌木或蔓灌，冬季低溫可能落葉 (成美文化園)

▶聚繖花序腋出

· 原產地　　· 學名
美國南部　　*Salvia coccinea*
· 英名
Cherry red sage
· 別名
朱唇、小紅花

紅花鼠尾草

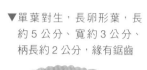

▼單葉對生，長卵形葉，長約 5 公分、寬約 3 公分、柄長約 2 公分，緣有鋸齒

▲花長 2~3 公分，深紅色花、端 2 唇裂，又名朱唇花、寶石紅

▶亞灌木，全株有毛，株高可達 1 公尺；全日照溫暖環境，幾乎全年開花，盛花期為 5~8 月

▼莖枝直立

◀寶石粉鼠尾草

▼粉花品種

石蒜科

君子蘭

· 學名
 Clivia miniata
· 英名
 Benediction lily
· 原產地
 非洲南部

▶花橙白雙色

▲多年生常綠球根花卉，多葉叢生基部，
　略向兩側整齊排列，喜半陰、畏強光

▼春夏開花，纖形花序，
　花徑 3~5 公分

▼黃花君子蘭

◀紅果

垂筒花

· 學名
 Cyrtanthus breviflorus
· 別名
 曲管花
· 原產地
 南非

▲多年生常綠球根花卉，株高 20~30 公分

◀花期冬至翌春，花長筒狀，略低垂，
　具香氣，花色另有黃、橙紅、白等

· 學名
Scadoxus multiflorus
· 英名
Blood lily
· 原產地
熱帶非洲

火球花

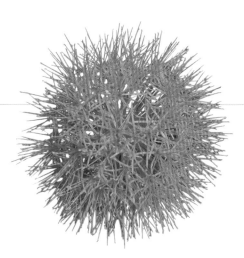

▲繖形花序，小花近百朵，整
體圓球形，徑約 15 公分，
似火球，故名之

▼紅色漿果

▼多年生草，5~6 月開花，冬季休眠，
地上部消失 (菁芳園)

▶小花有短花筒、6 細線形花瓣；全體紅
色，雄蕊深出花冠外，花葯黃色

白肋孤挺花

- 學名
  Hippeastrum reticulatum var. *striatifolium*
- 別名
  白肋朱頂紅
- 園藝栽培種

▶白花有縱走的紅粉斑紋，花苞粉紅

◀綠葉中肋為白線條，英名為 Stripe leaf amaryllis

▶ 3~5 月開花，多年生球根植物

孤挺花

- 學名
  Hippeastrum × *hybridum*
- 英名
  Dutch Amaryllis, Knight's star lily
- 園藝栽培種

▲多年生球根花卉，春夏開花，繖形
花序，花徑 12~20 公分，花色多
(*Amaryllis* 'Orange Souvereign')

橙色花

蘇木科

黃蝴蝶

· 學名
Caesalpinia pulcherrima
· 英名
Peacock flower
· 別名
紅蝴蝶、蛺蝶花

· 原產地
熱帶美洲

▶ 2回偶數羽狀複葉，
羽片5~9對，小葉
4~12對

▶ 總狀花序頂生，花冠
徑約5公分，5單瓣

▼英果長約8公分、寬約1.6公分，
熟轉赤褐色

▲花橙紅色，瓣緣黃、波浪狀，
10長而突出之紅色雄蕊

▼中山高速公路

▲半落葉大灌木，4~12月開花

▼紅花品種

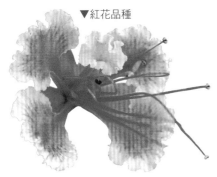

▶黃花品種

· 原產地
　熱帶美洲、南美

· 學名
　Asclepias curassavica

· 英名
　Blood-flowered milkweed

· 別名
　蓮生桂子花

馬利筋

▲誘蝶植物

▲單葉對生或輪生，葉長 10~15 公分、
　寬 1~3 公分、柄長 1 公分；葉背色
　淺綠，羽狀側脈可達 20 對

▶繖形花序，2 層花
　冠，主花冠紅橙
　色，副花冠鮮黃色

副花冠

主花冠

▲每層有 5 花瓣，
　冠徑約 1 公分

▲果爆裂後，帶毛絮的
　種子飛飄出來

◀果長近 10 公分，熟時沿縫線自動
　裂開，初裂時，褐色種子及其附生
　之毛茸，仍整齊貼生於果實內

▼常綠亞灌木，花四季常開，冬天較少，
　盛花期為春夏 (臺中花博外埔園區)

▲黃橙花品種

醉嬌花

· 學名
Hamelia patens
· 英名
Firebush
· 原產地
美國佛羅里達州、中南美

▼單葉，3~4葉輪生，新葉偏紅，葉長 5~10 公分、寬 2~4 公分，嫩枝紅褐色

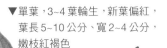

▶長管狀花，長 3-4 公分、徑約 0.5 公分

▶晚春至秋開花
（臺中豐樂公園）

▶果實初形成

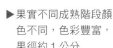

▶果實不同成熟階段顏色不同，色彩豐富，果徑約 1 公分

▲葉背中肋、羽脈、葉柄暗紅色，葉脈有毛

▼紅色新葉頗具彩葉效果（新社環保公園）

▼常綠灌木，株高可達 5 公尺，花可誘蝶（臺中豐樂公園）

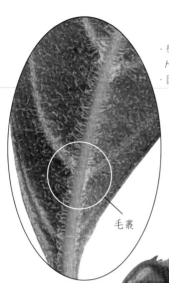

· 學名
Hamelia patens 'Compacta'
· 園藝栽培種

迷你醉嬌花

毛叢

▲葉背中肋與羽側
　脈間有毛叢

◀果實、徑 0.5
　公分

◀葉長約 1.6 公分、
　寬 約 0.5 公 分，
　葉背佈毛

▲3~4 葉輪生

▼花葉細緻的灌木
（曾文水庫）

▼管狀花長約 1 公
　分，花冠徑約 0.4
　公分

▼常綠灌木或小喬木，株高可
　達 3 公尺 (臺中文學館)

▶迷你醉嬌花
◀醉嬌花

珊瑚塔

· 學名
Aphelandra sinclairiana
· 英名
Panama queen
· 原產地
哥斯大黎加、巴拿馬

◀冬至翌春開花，頂生穗狀花序，數支密生成一大花球，花序長 10~20 公分

▶單葉對生，葉長約 20 公分、寬約5~10公分、柄長約4公分(南元休閒農場)

▼常綠灌木，株高可達 3 公尺

▶橙黃苞片覆瓦狀密集疊生，小花桃紅色，長管狀，長 2~4 公分

夏陽爵床

· 學名
Justicia leonardii
· 英名
Orange Justicia

· 別名
金釵花
· 原產地
中南美洲

▼單葉對生，嫩枝葉有毛，葉長 6~9 公分、寬 3~6 公分

◀唇形花橘色，長約 3 公分，夏季開花

▼常綠小灌木，株高約 1 公尺

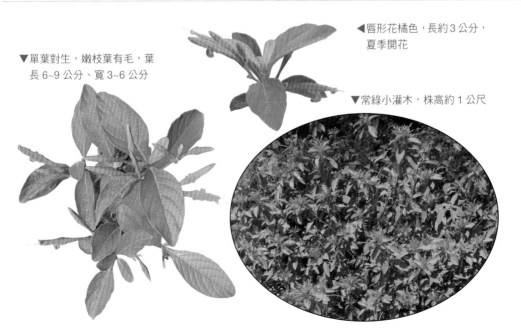

· 學名
Leonotis leonurus
· 英名
Lion's tail
· 原產地　· 別名
南非　　獅子尾

獅尾花

▲ 單葉對生，葉長 8~10 公分，葉披針形，
疏淺鋸齒緣，葉揉搓有香氣

◀ 聚繖花序，花層層排列、
繞著方形花莖綻放

▼ 橙色管狀花，唇形、左
右對稱，花長 4~5 公分

◀ 多年生半常綠亞灌木，株高可達 2 公
尺。溫暖地區，花期早春至秋季，花
期頗長 (溫哥華 Butchart Garden)

萱草

· 學名
Hemerocallis fulva

· 英名
Orange daylily

· 別名
金針花

· 原產地
中國、日本、西伯利亞、東歐

▼圓錐花序，有3~9朵花，
每朵花僅綻放1日

▼果長約3公分、
徑約1.5公分

◀果熟自動裂開

▼多年生草本，株高可達80公分，適合海拔
1000公尺山坡地，花期8~9月(臺東太麻里)

▲葉根生，長可達80公分，寬1~2公分，
花莖長達1公尺(臺東太麻里)

各種花色品種

· 學名
Iris domestica
· 臺灣原生種

射干

▲單葉交疊狀排列呈扇狀

▶花徑 4~5 公分、
3 雄蕊，英名 Leopard
Flower，如豹紋，指橘
黃花散佈暗紅斑點，為蝴
蝶的蜜源植物

種子

▲英名 Blackberry lily，指
其黑亮種子，徑約 0.5
公分，果期 9~10 月

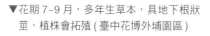

▲葉長 30~60 公分、寬約 3 公分

▼花期 7~9 月，多年生草本，具地下根狀
莖，植株會拓殖 (臺中花博外埔園區)

▼頂端殘存凋萎花被

▲蒴果長約 3 公分、
徑約 2 公分

鳶尾科

射干菖蒲

· 學名
Crocosmia × crocosmiiflora
· 英名
Crocus Tritonia
· 園藝栽培種

較喜冷涼，適生於臺灣海拔 1000~2500 公尺。花為蝴蝶的蜜源植物。

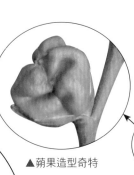

▲蒴果造型奇特

▲花徑約 4 公分，花漏斗形，花管部略彎曲

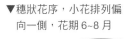

▼穗狀花序，小花排列偏向一側，花期 6~8 月

▼長劍形根出葉，長約 50 公分，於地面呈扇狀展開，花梗從葉叢中抽出

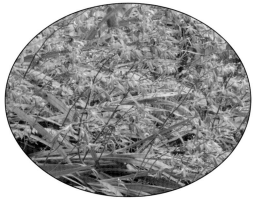

▲株高約 1 公尺，具地下肥大球莖，地下根匍匐狀，植株會拓殖 (福壽山)

黃色花

含笑花

· 學名
Michelia figo
· 英名
Banana shrub
· 原產地
中國

▼單葉互生，葉背淺綠色，中肋具毛茸，
羽狀側脈 6~8

▶葉長 5~8 公分、寬 2~4
公分，柄長約 0.4 公分；
嫩枝、葉柄及芽苞均密被
銹褐色短毛

▼香花、純黃白色

▼花徑約 3 公分，花瓣肉質，
花色帶紫暈，或全花紫紅
色的墨紫含笑

▼常綠灌木，株高可達 3 公尺
（金門國家公園）

▼小喬木 (大陸蘇州博物館)

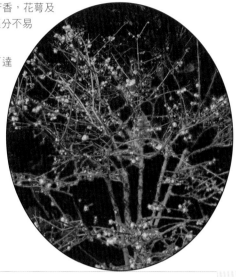

- 學名
Chimonanthus praecox
- 英名
Winter sweet
- 原產地
中國

臘梅

◀花徑約 3 公分，芳香，花萼及花瓣均為黃色，區分不易

▶落葉灌木，株高可達 4 公尺 (武陵農場)

▼ 花期 1~3 月，正值落葉期，花後萌發新葉

- 學名
Bauhinia tomentosa
- 英名
Yellow bauhinia
- 原產地
熱帶東非至中國

黃花羊蹄甲

▲秋至翌春開花，花徑 4~5 公分，黃花之喉部中央有暗色斑塊

◀單葉互生，葉端凹入，葉長約 4 公分、寬 6 公分、柄長約 3 公分；花常含苞、不全展開，斜垂

▼花初開黃色，凋謝前變淺紅褐色，12 月仍可見花（田尾）

◀落葉灌木，株高可達 3 公尺 (田尾)

蘇木科

金葉黃槐

- 學名
  Cassia bicapsularis
- 英名
  Winter cassia
- 別名
  金邊黃槐、雙莢槐
- 原產地
  南美

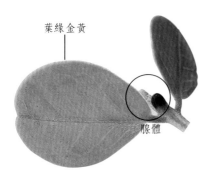

葉緣金黃

腺體

▲羽葉軸下方之 2 小葉著生處有腺體，
全株僅葉背與柄有毛

▲傍晚葉片摺合，乃睡眠運動

托葉

腺體

▲ 1 回偶數羽狀複葉，小葉 3~5 對，綠
葉、金黃細邊，葉面中肋與羽脈色淺，
葉背色較淺，枝節處有 1 對托葉；小
葉長約 2 公分、寬約 1 公分、柄長 0.15
公分，總柄上有腺體

▶總狀花序多位於
枝梢，每一花序
有 3~12 朵花

▼半落葉灌木，株高可達 2 公尺，秋季盛花

▲黃花冠徑 3 公分，10 雄蕊、2 條長彎弧狀

· 學名
Cassia didymobotrya
· 英名
Popcorn cassia
原產地
東非等熱帶地區

蘇木科

長穗決明

花吸引蜜蜂與蝴蝶，英名 Popcorn cassia 指揉搓葉片會散發如黃油爆米花的濃郁香味。

◀ 1 回羽狀複葉，長達 35 公分，小葉 8~16 對，小葉長 4~6 公分、寬 1~2 公分

▶金黃花朵從黑色苞片中陸續綻放，夏至秋季開花，花徑 2~5 公分。總狀花序，長 15~30 公分，下方花朵先綻放，隨後形成果實，上方花蕾藏於黑褐色苞片中

10 雄蕊，2 枚特大、彎曲，長約 1.2 公分

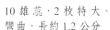

▶莢果扁平寬帶狀，長 8~10 公分、寬 1~2 公分，革質，端具細長芒尖

◀多年生半落葉亞灌木，株高可達 3 公尺

蘇木科

細葉黃槐

·學名
  Senna polyphylla
·英名
  Desert cassia
·別名
  沙漠黃槐、小葉黃槐

·原產地
  加勒比海乾燥地區

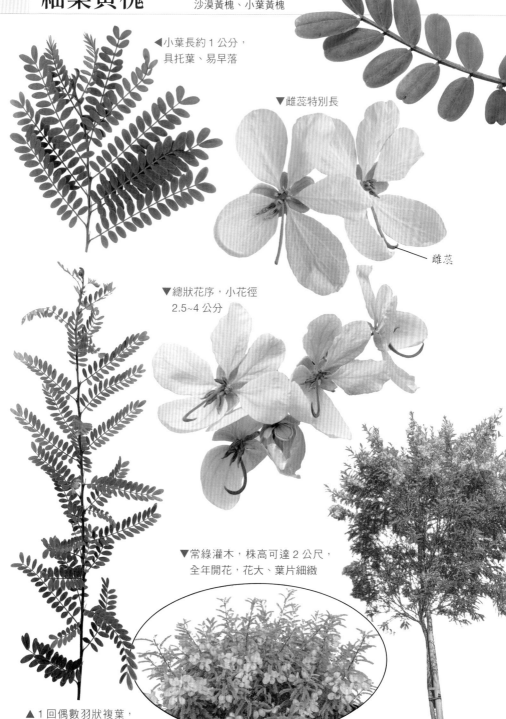

▼羽葉長約 5 公分

◀小葉長約 1 公分，
  具托葉、易早落

▼雌蕊特別長

— 雌蕊

▼總狀花序，小花徑
  2.5~4 公分

▼常綠灌木，株高可達 2 公尺，
  全年開花，花大、葉片細緻

▲1 回偶數羽狀複葉，
  小葉對生，8~13 對

▶小喬木 (田尾)

・學名
Acacia cultriformis
・英名
Knife-leaf wattle
・原產地
澳洲

刀葉金合歡

◀又名澳洲三角栲，因其銀白色的三角形葉狀體，非真葉，
最寬處有蜜腺；葉長 1~3 公分、寬 0.6~1.5 公分

▶ 8~11 月綻放

◀整體呈總狀花序、腋生，長可達 8 公分；
小型、花絲密集成圓球狀的頭狀花序，
每花序之小花有 25 個之多

▼常綠灌木，株高可達 4 公尺，
枝葉銀白，耐乾旱

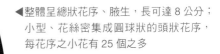

樹豆

· 學名
  Cajanus cajan
· 英名
  Pigeon pea
· 原產地
  泛熱帶地區

◀三出複葉，小葉長 5~10 公分、寬約 2 公分

小葉柄粗短

▲全株密被灰白色柔毛，複葉互生

▶蝶形花冠光滑無毛，旗瓣圓形，徑約 1.5 公分

▼黃花，背面具褐色條紋

▶灌木，株高可達 2 公尺，花期 2~11 月 (臺北植物園)

◀莢果長 4~8 公分、寬約 1 公分，果端具尖嘴，外被粗毛

·原產地　　·學名
中、南歐　　*Cytisus scoparius*
·英名
Scotch broom
·別名
卷豆、金雀兒

金雀花

◀單葉或 3 出複葉，互生；小葉長
約 0.5~2 公分、寬 0.3~1 公分

▶總狀花序，蝶形花冠，花
梗短，黃花長 2 公分、
冠徑 1 公分

▲ 3~5 月盛花，頗耐寒 (梅峰)

▶落葉灌木，枝葉與花朵均細緻
(阿里山)

蝶形花科

毛苦參

· 學名
Sophora tomentosa
· 英名
Downy sophora
· 別名
絨毛槐

· 臺灣原生種

▼葉背色銀白，小葉具短小葉柄，長 0.3 公分，葉長 4 公分、寬 1.5 公分

▲ 1 回奇數羽狀複葉

▼總狀花序頂生，密花，花瓣是全株唯一無毛茸，大葉互生，小葉對生或互生，枝葉密被銀白毛茸

◀莢果念珠形，密被絨毛，長約 7~15 公分

▶蝶形花冠、徑 1.5 公分，5 單瓣，花萼淺綠色、密被白色茸毛

▼果實初形成，種子處已膨大，全體灰白色

▶常綠灌木，株高可達 2 公尺，全株密被灰白色絨毛，整體灰白色 (臺中文修公園)

· 學名
Wikstroemia indica
· 英名
Indian wikstroemia
· 臺灣原生種

南嶺蕘花

瑞香科

▶落葉灌木，株高可達 2 公尺；嫩枝
紅褐色、被柔毛，枝對生；單葉對
生，葉長橢圓形，長 5~6 公分、寬
約 1 公分，淺綠色柄長 0.1 公分

▶總狀花序頂生，花序
梗短、密被柔毛，花
被合生成管狀，長約
1 公分，花徑 1 公分

▲果卵橢圓形，長
約 0.6 公分

▲綠果隨時間變色，
成熟鮮紅色

倒卵葉蕘花

· 學名
Wikstroemia retusa
· 臺灣原生種

▲半常綠灌木，小枝紅褐色，密被貼生柔毛；
單葉對生，綠葉，短柄與中肋淺綠色

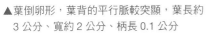

▲葉倒卵形，葉背的平行脈較突顯，葉長約
3 公分、寬約 2 公分、柄長 0.1 公分

▼花被覆瓦狀排列，裂片
卵形，長約 1 公分

▶管狀花，長約 1 公分

▶熟果豔紅色

▼綠色橢圓形核果，
長約 0.6 公分

- 學名
  Gossypium arboreum
- 英名
  Tree cotton
- 原產地
  印度

棉

▼單葉互生，掌狀 3~5 裂葉，葉幅 10~15
公分、葉柄長 7~10 公分，全緣

▼蒴果乾熟，開裂後
露出棉絮

▼亞灌木，株高多 1.5 公尺
以下，全株佈毛

◀大型、具齒緣的綠色花萼

▼黑色種子藏於棉絮內

▶花冠徑 5 公分，5 單
瓣，花淡黃色，夏天
開花 (吳昭祥拍攝)

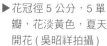

錦葵科

洛神葵

· 學名
Hibiscus sabdariffa
· 英名
Roselle
· 原產地
印度

▲枝、葉柄與線披針
形托葉均帶紅褐色

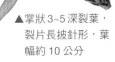

▲掌狀 3~5 深裂葉，
裂片長披針形，葉
幅約 10 公分

◀花謝後，宿存紅豔
花萼包覆果實

▶花徑約 6 公分，
2 層暗紅色花萼

▲淡黃色花，中心紫紅色；
夏秋間開花，每朵花於
清晨綻放、近中午凋謝

▶亞灌木，枝條紅紫色，
株高可達 3 公尺 (菁芳園)

◀白洛神葵之花萼淡綠至白色

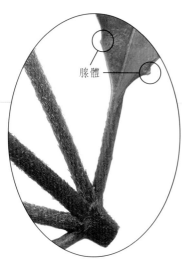

腺體

▲嫩枝與葉柄紅褐色、有毛，
　葉基偶有2腺體

- 學名
  Thryallis glauca
- 英名
  Slender goldenshower
- 原產地
  墨西哥及瓜地馬拉

金英樹

腺體

▲單葉對生，葉長約5公分、
　寬2~3公分，柄長0.6公
　分，羽側脈3~5條

▲蒴果，徑0.5公分，
　3瓣裂

▼全年開花、
　冬季稍少

◀花中央的雌蕊3柱
　頭，子房已肥大，
　果實成形中

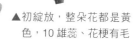

▲初綻放，整朵花都是黃
　色，10雄蕊、花梗有毛

◀總狀花序長10~15公分、
　頂生，花徑約2公分

▼常綠灌木，株高可達2
　公尺(臺中市興大路)

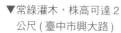

▼綠葉(左)混植斑葉(右)

金蓮木科

桂葉黃梅

· 學名
Ochna serrulata
· 英名
Mickey mouse plant
· 別名
米老鼠樹

· 原產地
東非

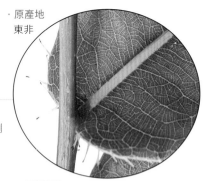

▼單葉互生，葉長約 6~8 公分、寬約 3 公分

▶葉緣基部兩側有數根長芒

▲葉脈紋路很特別

▼綠色花萼、黃色花絲與胎座於授粉後，漸轉成鮮紅色

花萼轉紅色

▲花冠似梅花，故名之，花徑 4~5 公分

▼常綠灌木，株高可達 3 公尺，果常見，花僅綻放一日，於早上陽光出現後開花，午後萎凋

▼果實由綠轉黑色，果徑約 1 公分；2 粒種子似米老鼠的眼睛

· 學名
Hypericum androsaemum
'Orange Flair'
· 英名
Hypericum berry
· 園藝栽培種

豔果金絲桃

◀單葉對生，嫩枝葉紅色，葉片卵形、無柄

▲花枝與嫩花萼紫紅色

▲果闊卵形，果色橙黃、漸
轉艷紅，綠色花萼宿存

▼常綠小灌木，枝葉細緻，株高不及 1 公尺，
賞紅果期較長

▲夏季開花，隨即結出
紅果，賞花兼賞果

金
絲
桃
科

姬金絲桃

· 學名
Hypericum calycinum
· 英名
Creeping St. John's wort
· 原產地
南歐

▼單葉對生，葉長約 10 公分；春末至夏天開花，花徑約 7 公分，花絲數多且較長，長度約與花瓣等長

▼葉片彼此平行，排列整齊；灌木，株高 60 公分，適合做賞花地被

· 學名
Hypericum formosanum
· 臺灣特有種

臺灣金絲桃

▲嫩枝與葉柄紅色

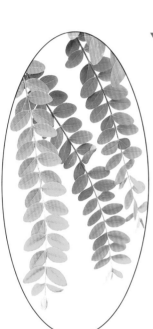

▼綠葉面，散佈淺色腺點，
圓形紅褐色枝條；葉長 3~6
公分、寬 1~3 公分

▲枝長易下垂，葉 2 列狀

▲單葉對生，葉革質，卵橢圓形，
葉兩面色彩差異明顯

▼常綠灌木，株高可達 1.5 公尺，
盛花期 5~6 月 (陳佳興拍攝)

▲花 1~3 朵腋生或頂生，徑 2~3 公分，雌蕊的花
柱特別長，長近 1 公分，柱頭圓球狀，子房卵形
(陳佳興拍攝)

金絲桃科

雙花金絲桃

· 學名
Hypericum geminiflorum
· 英名
Paired flower St. John's wort
· 臺灣原生種

▶ 葉兩面色彩有差異,紙質葉,長橢圓至卵橢圓形,長 3~5 公分,寬 1~2 公分

◀ 新嫩枝葉,單葉對生,葉片近於 2 列狀,老枝圓形、嫩枝略呈四方形

子房轉紅

◀ 花徑 2~3 公分,枝節處多 2~3 朵花,頂生與腋生

▼ 花朵成雙成對,故名之。蒴果狹圓柱形,長約 1 公分、寬約 0.4 公分,熟果紅褐色

▲ 5~6 月開花,株高可達 1.5 公尺,枝條分散、下垂 (宜蘭千里光藥園)

· 學名
Hypericum monogynum
· 臺灣原生種

金絲桃

▲單葉對生，葉長 3~8 公分、寬 1.5~4 公分，嫩枝葉紅褐色

▼葉背略帶白粉狀，網脈色深突顯。葉基漸狹抱莖，紙質，葉柄無或極短

◀子房卵球形，徑 0.4 公分，花絲特別長、突出花冠，花徑 5~6.5 公分

▲葉面網脈密而明顯

▲雌蕊高於雄蕊、5 柱頭，花如其名，細長的雄蕊如金絲

▲花期 4~6 月

◀常綠灌木，株高可達 1.5 公尺 (蘇澳冷泉)

▶果闊卵形，長近 1 公分、寬約 0.6 公分

楝科

樹蘭

· 學名
Aglaia odorata
· 英名
Chinese perfume plant
· 原產地
中國、東南亞

▼ 1 回奇數羽狀複葉互
生，小葉長 3~7 公分、
寬 1~2 公分

▶ 複葉有 5~7 小葉，羽葉
中軸有狹翼，小葉對生，
葉背網狀細脈明顯

狹翼

▲羽葉中軸
有狹翼

▶花清香，花徑
約 0.3 公分

▶葉基漸狹、
無柄

▲花期夏秋，耐修剪整型，綠籬常用

▶果實很少見，
果熟橘紅色，
長 1 公分

▼常綠灌木或小喬木，株高可達 6 公
尺 (后里第 4 號公園)

樹蘭與月橘

項目	樹蘭	月橘
小葉序	對生	互生
小葉數	5	7~9
中軸狹翼	有	無
頂小葉基	漸狹	歪
葉面油腺點	無	有
葉背	網狀細脈	羽狀側脈
花色	黃	白
花冠徑 (公分)	0.3	1~1.5
果	少見	紅色

▼單葉或 3 小葉，對生，
葉長 5~9 公分、寬 2~5
公分，紙質，細鋸齒緣

· 學名
Forsythia suspensa
· 英名
Weeping forsythia
· 原產地
中國

連翹

▶ 1~6 朵花，腋生，
4 綠色花萼

▼花徑 2.5 公分，黃色花
冠筒內有橘紅色條紋

◀ 2 雄蕊，未伸出花冠

▼落葉蔓灌，株高可達 3 公尺

▼早春 3~4 月，先開花後長
葉，滿樹金黃花

▼ 4~5 月綠葉漸漸萌發

茜草科

黃萼花

・學名
Pseudomussaenda flava
・英名
Yellow mussaenda
・原產地
熱帶非洲

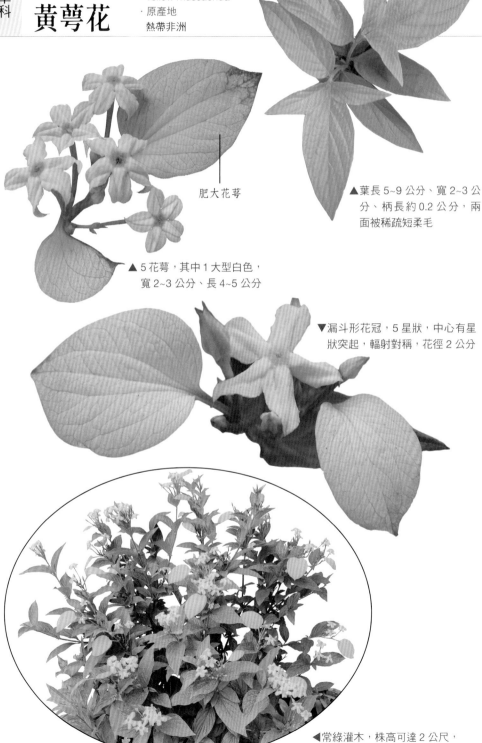

肥大花萼

▲葉長 5~9 公分、寬 2~3 公分、柄長約 0.2 公分，兩面被稀疏短柔毛

▲5 花萼，其中 1 大型白色，寬 2~3 公分、長 4~5 公分

▼漏斗形花冠，5 星狀，中心有星狀突起，輻射對稱，花徑 2 公分

◀常綠灌木，株高可達 2 公尺，賞花期頗長

▼單葉或 1 回奇數羽狀複葉，
複葉與小葉均對生

· 學名
Tecoma stans
· 英名
Yellow bells, Yellow elder
· 原產地
中南美洲

紫葳科

黃鐘花

▼複葉有 3~7 小葉，小葉長 5~10
公分、寬 1~3 公分，鋸齒緣

▼總狀花序，密簇成一大花球，
小花冠徑約 4 公分

▼碩大花群常下垂

▶長條狀蒴果，長約 15 公分、
寬 0.7 公分，熟果褐色，自
動裂開

◀主要花期夏、秋季，南部幾乎全年
開花；常綠大灌木至小喬木，株高
可達 6 公尺 (大鵬灣)

水丁香

柳葉菜科

· 學名
Ludwigia octovalvis
· 英名
Lantern seedbox
· 原產地
熱帶亞洲、非洲

▲花單立腋生，4 花萼，4 花瓣，
花徑約 3 公分

▼ 8 雄蕊，中央的子房徑約 0.4 公分，花期
7～翌年 1 月

▲單葉互生，葉長 6~10 公分、寬 1~2 公分、柄長不及
1 公分，全緣，全株佈細毛

▲亞灌木，株高可達 1 公尺，濕地挺水植物 (臺中文修公園)

▼白花水龍 *Ludwigia adscendens*，臺灣原生種

▶喜生長於水邊

· 學名
Oenothera drummondii
· 原產地
美洲、大洋洲

海濱月見草

◀花徑可達 10 公分

▲多年生草，莖枝稍直立生長
（中科綠地）

▶葉緣疏淺鋸齒或全緣，兩
面被白或紫色毛茸，葉長
5~10 公分、寬 1~2 公分

◀已於海濱野化，莖枝匍匐
於砂地，花期5~8月(金門)

· 學名
Oenothera laciniata
· 英名
Cutleaf evening primrose

· 臺灣歸化種

裂葉月見草

◀基生葉蓮座狀，葉長 8~12 公分，
葉寬與葉柄長 1~1.5 公分，緣羽
狀深裂。莖生葉互生，葉較小

▶傍晚開花，4 花瓣、花徑
2~3 公分，8 雄蕊

▼已歸化海濱地區，耐風耐鹽、耐
旱，多年生草，株高約 30 公分
（高美濕地）

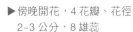

菊科

臺灣山菊

· 學名
Farfugium japonicum
var. formosanum
· 臺灣特有變種

▼嫩葉佈毛，掌狀淺裂，葉長
10~15 公分、寬 10~20 公分

▶老葉面無毛

▶頭狀花序，徑約 5 公分，
花期秋冬

▼多年生草本，株高 30~50
公分，耐蔭 (臺中花博森
林園區)

▲分布中低海拔山區，尤以陽明
山區 800~1100 公尺常見。基
生之革質厚葉，花序具長柄

▼星點山菊

▼斑葉山菊

· 學名
Senecio nemorensis
· 英名
Shady groundsel
· 臺灣特有種

黃菀

菊科

▲單葉互生，長 8~10 公分、
　寬 2~4 公分

▼分布中高海拔約 1200~3300
　公尺，喜冷涼，陽光充足開花
　較多 (福壽山)

▲舌狀花位於頭狀花序外緣，長 1~2 公分，
　花序徑約 4~5 公分。花序中央有多圈的
　管狀花，為兩性花，長花柱端有分歧

▼7~10 月開花，多年生草，株高可達 1
　公尺 (福壽山)

▲葉具短柄，緣有不規則鋸齒

菊科　茄科

金夜丁香

- 學名
Cestrum aurantiacum
- 英名
Orange cestrum
- 原產地
瓜地馬拉

▼ 4~5 月為盛花期，秋季可能再開花

▶長管狀花，長 3~4 公分，基部漸狹細，冠端闊大，星形、5 裂

▼單葉互生，披針形葉，葉長 6~8 公分、寬 2~3 公分、柄長 1 公分，嫩枝葉有毛茸

▶常綠灌木，株高可達 3 公尺

爵床科

金脈單藥花

- 學名
Aphelandra squarrosa
- 英名
Zebra plant
- 原產地
巴西

▼常綠灌木，原產地株高可達 2 公尺，耐蔭之賞花與彩葉地被，維持 50 公分株高較佳

▲單葉對生，葉長約 20 公分、寬 5~10 公分。頂生花序長 5~10 公分，黃色苞片與管狀小花，小花長約 3 公分，花期冬至翌春

・學名
Pachystachys lutea
・英名
Golden shrimp plant
・原產地
墨西哥、秘魯

黃蝦花

爵床科

▲單葉對生

▼幾乎全年開花，自黃色苞片中、鑽出狀如小蝦
之白色小花，故名之，以觀賞苞片為主

▲葉長7~10公分、寬1~3
公分，葉基耳形，幾乎
無柄，羽側脈 8~10 對

▼穗狀花序頂生，長
10公分，花2唇狀，
徑 0.5 公分

▼常綠灌木 (南元)

金葉木

· 學名
  Sanchezia nobilis
· 英名
  Noble sanchezia
· 原產地
  厄瓜多爾

▼單葉對生，綠葉之中肋、
　羽側脈及葉緣金黃色

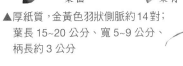

葉面　　　　　葉背

▲厚紙質，金黃色羽狀側脈約14對；
　葉長 15~20 公分、寬 5~9 公分、
　柄長約 3 公分

▼花苞紅褐色，2 黃色花蕊、
　被毛，伸出花冠外

▶穗狀花序，長 10~15 公分，
　花冠長約 5 公分

▼常綠賞花彩葉灌木，日照較強處
　之金脈較突顯 (田尾菁芳園)

▼日照不佳處的綠葉金脈較暗、不突顯

· 學名
Turnera ulmifolia
· 英名
Yellow alder
· 原產地
墨西哥至西印度群島

黃時鐘花

◀葉長約 10 公分、寬約 4
公分，柄長約 1.5 公分

▼葉背中肋佈毛，葉基有腺體

腺體

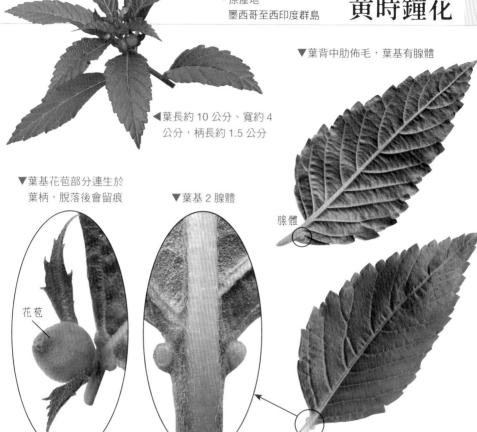

▼葉基花苞部分連生於
葉柄，脫落後會留痕

▼葉基 2 腺體

花苞

葉面　▲羽側脈數目同葉緣鋸齒數

▼花常開，常綠亞灌木，株高約 1 公尺 (菁芳園)

▼花徑約 3~4 公分，上午綻放、午前凋謝，
可作時間指標，故名時鐘花

鳶尾科

黃扇鳶尾

· 學名
Trimezia steyermarkii
· 英名
Yellow walking iris
· 別名
黃花巴西鳶尾

· 原產地
墨西哥南部至巴西

▶ 花莖易長芽，芽觸地發根長
成一新株，可步步行，故名
walking iris

▶ 黃花有 3 瓣，具褐色豹斑

▼ 株高約 1 公尺

▶ 每一花莖可開 1~3 朵花

▼ 多年生草本，單葉互生，葉長約 50~100 公分、
寬 2~3 公分 (臺北新生公園)

▼ 花期春夏，全日照開花旺盛，喜濕
地、水邊；根莖匍匐易拓殖 (臺中花
博后里園區)

藍紫色花

錦葵

· 學名
Malva sylvestris
· 英名
Common mallow
· 原產地
中國、歐洲

▲花紫粉紅色，暗紅色放射狀脈紋，花徑約 4 公分

▲花 3~5 腋生，5~10 月開花

◀掌狀 5~7 淺裂葉，徑 8~12 公分，紙質，緣鈍疏鋸齒，葉基心形、5~7 出脈

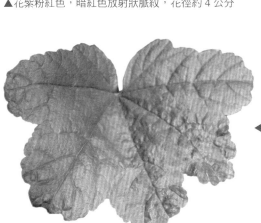

▼多年生亞灌木，株高 1 公尺

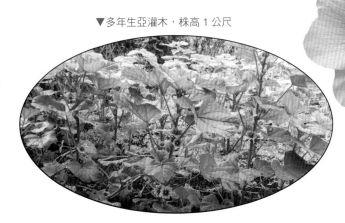

▲淺粉紫花品種

· 學名
Tibouchina 'Cornutum'
· 園藝栽培種

角莖野牡丹

◀雄蕊的花絲長約 1 公分，具關節，
被紫色毛茸，雌蕊白色

毛茸

◀單葉對生，葉長 8~13 公分、寬
約 4 公分，柄長 1~1.5 公分，5
出脈。枝方形，嫩枝、葉、萼
筒密生倒伏狀粗毛，紫褐色枝
條四稜狀，故名之

◀10 雄蕊，長短各半，
初白色後變紫紅，花
瓣較不平展

▼花期長、花數多，花大、徑 7 公分

◀花苞與花枝微紅

▼常綠灌木，株高 1.5 公尺；除冬季外，
常開花 (阿里山石卓)

▼樹下陰濕處，花朵盛開

蘿藦科

皇冠花

· 學名
Calotropis gigantea
· 英名
Crown flower
· 別名
牛角瓜、五狗臥花心

· 原產地
印度至中國南方

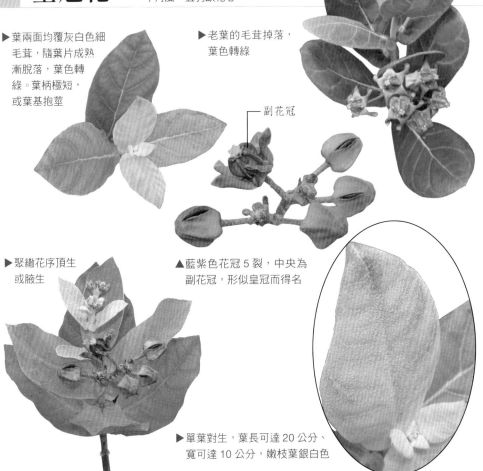

▶ 葉兩面均覆灰白色細毛茸,隨葉片成熟漸脫落,葉色轉綠。葉柄極短,或葉基抱莖

▶ 老葉的毛茸掉落,葉色轉綠

副花冠

▶ 聚繖花序頂生或腋生

▲ 藍紫色花冠 5 裂,中央為副花冠,形似皇冠而得名

▶ 單葉對生,葉長可達 20 公分、寬可達 10 公分,嫩枝葉銀白色

白花品種

▼ 灌木,株高可達 3 公尺

▶ 整朵花都是白色

蘿
摩
科

・原產地
　巴西南部至烏拉圭
・學名
　Tweedia caerulea
・英名
　Bule tweedia
・別名
　彩冠花

琉璃唐綿

▶單葉對生，
　滿佈毛茸

◀長心形葉，長約 10 公分

◀花單立或總狀花序

▼花中心一圈深藍色、
　直立成杯形的副花
　冠，花徑約 3 公分

▼外圈天藍色 5 花瓣，
　中央為副花冠

　　　　　　　　── 主花冠

副花冠 ──

◀常綠亞蔓灌，長枝略具纏繞性，
　可設支架攀附生長

白花金露花 *Duranta erecta* 'Alba'

（園藝栽培種）

▼一年四季常開花，綠葉、白花串

▼白花黃果（臺中都會公園）

· 學名
Duranta 'Gold'
· 園藝栽培種

黃金葉金露花

▶果徑約 1 公分

▲葉長約 5 公分、寬約 1.5 公分、柄長約 0.7 公分，葉全緣

◀常修剪，花果不易見

▼葉金黃亮麗
（中科）

· 學名
Duranta erecta 'Golden Edge'
· 園藝栽培種

黃邊金露花

▲新葉為金黃色，鋸齒緣

▲綠葉、緣鑲黃邊

▶全株金黃亮麗

· 學名
Duranta erecta 'Variegata'
· 園藝栽培種

馬鞭草科

白斑金露花

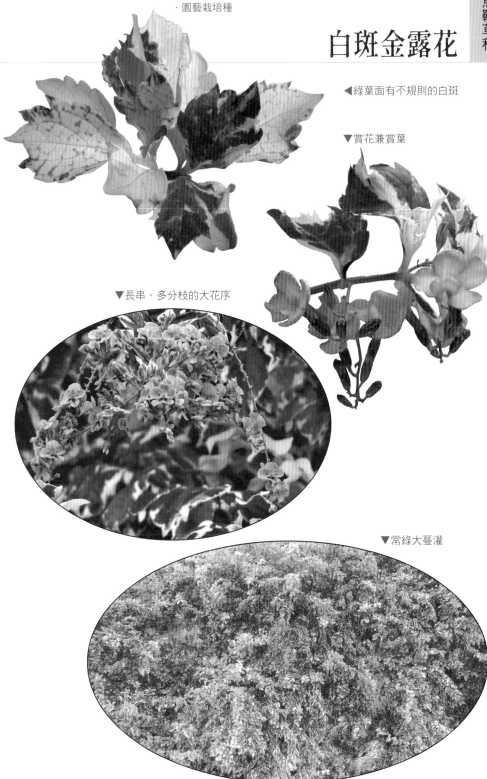

◀綠葉面有不規則的白斑

▼賞花兼賞葉

▼長串、多分枝的大花序

▼常綠大蔓灌

·學名
Duranta erecta
'Sweet Memories'
·園藝栽培種

蕾絲金露花

▲花冠具長筒

▲整個花序、花苞以
　及花瓣表面都密佈
　毛茸

▲葉緣下部全緣、上半部疏
　尖鋸齒

▲藍紫花，花心與邊緣色白

▲全日照，開花不斷

▶常綠蔓灌，長枝條易下垂

· 學名
Stachytarpheta jamaicensis
· 英名
Jamaica false valerian
· 原產地
熱帶美洲

長穗木

花序

▶單葉對生，葉緣粗鋸齒，紙質，
羽側脈約 5 對，葉長 5~8 公分、
寬約 3 公分，葉基漸狹呈翅翼狀、
無柄，枝梢是未綻放的花序

▲長花序，但每次花僅綻放數朵，
花徑約 0.8 公分

▼頂生穗狀花序長可達 40 公
分，小花由花序下部往上依
序綻放

▲常綠亞灌木，株高可達 1 公尺
（臺中歌劇院屋頂花園）

◀除冬季低溫外，四季常開花，
誘蝶植物 (東大溪)

馬鞭草科

荊瀝

· 學名
Vitex agnus-castus

· 原產地
南歐、亞洲西部

◀嫩枝葉背具淺黃褐色毛茸

▼枝具 4 稜

▼枝對生，掌狀複葉之
5 小葉的頂葉較大

頂小葉

▲掌狀複葉 5~7 出、對生，葉
紙質，緣缺刻或羽狀裂，小葉長
4~10 公分，寬 1.5~4 公分、柄長 1~2
公分，總柄長 3~7 公分

▼半落葉芳香性灌木，株高可達 3 公尺

▲頂生複聚繖花序，花序長 10~15 公分，被毛茸，花淡紫
色、徑 0.5 公分，花是蜜源植物

葉背

葉面

· 學名
  Vitex negundo
· 臺灣原生種

黃荊

▼小葉緣偶有鋸齒，
花為蜜源植物

▲複葉對生，小葉長約 7 公分、寬約 1.5 公分、
柄長 0.5~1 公分，複葉的頂小葉與柄均較長；
葉背色灰白、散生灰白色絨毛

▶掌狀複葉，多為
5 小葉，偶見 3
小葉或單葉

▶核果，徑約 0.5
公分，由宿存萼
包被，果熟黑色

▶圓錐花序，長 15~25 公分，
花枝的葉較多變化

▼半落葉灌木，全株具香氣，株高可達
5 公尺 (臺中市華南路)

▲花淡紫色，徑約 0.5 公分，
內有毛茸，雄蕊 4、2 長 2
短，花蕾被白毛茸

◀老株的花較偏紫色，
花枝被褐色毛茸

海埔姜

· 學名
Vitex rotundifolia
· 英名
Simple-leaf chaste tree
· 別名
蔓荊、白埔姜

· 臺灣原生種

▶總狀或圓錐花序，
長 5~8 公分

▲唇形花冠，二唇狀，
徑 0.5~1.5 公分

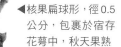

◀核果扁球形，徑 0.5
公分，包裹於宿存
花萼中，秋天果熟

▼遇低溫，葉片遭寒害
變色

▲葉密被灰白色毛，葉長 2~5 公分、
寬 1~3 公分、柄長 0.2~1 公分

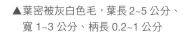

▼常見開花，半落葉蔓灌 (中科通山公園)

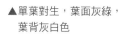

▲單葉對生，葉面灰綠，
葉背灰白色

▼半落葉蔓灌，莖枝匍匐地面，蔓延可達數公尺，莖節的
不定根具抓土性，濱海砂灘的定砂植物

·學名
Vitex trifolia
·英名
Threeleaf chastetree
·別名
三葉蔓荊

三葉埔姜

▶葉長 4~7 公分，小葉無柄，總柄長 1~1.5 公分；葉面被毛茸

▲掌狀複葉對生，葉背、總柄、枝條均密佈灰白毛茸，枝條紫褐色

▶核果，徑約0.6公分，宿存萼，成熟黑褐色

3 出複葉

單葉

果實

▲小花無柄，唇形花冠藍紫色；花萼鐘形、被白柔毛，5 齒裂。偶有單葉，多為 3 出複葉

▲多個聚繖花序形成的圓錐花序、頂生

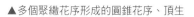

藍雪花

· 學名
Plumbago auriculata
· 英名
Cape leadwort
· 原產地
南非

▶ 葉長約 6 公分、寬約 2 公分，葉基漸狹、無柄

▶ 單葉互生，腋芽發達，枝節處多葉如叢生

黏毛

黏毛

▲ 果實外被黏毛，黏貼衣物，助其傳播種子

▲ 花冠高腳碟狀，具長冠筒，長 2.5 公分、冠徑約 2 公分；筒狀花萼外被具黏性之腺體，花後宿存

▲ 穗狀花序頂生，花序徑 15 公分，每一花序至少有 20 朵小花

▲ 常綠蔓灌，株高多 1.5 公尺以下，枝長軟垂；花期長，僅冬天花較少（臺中湧泉公園）

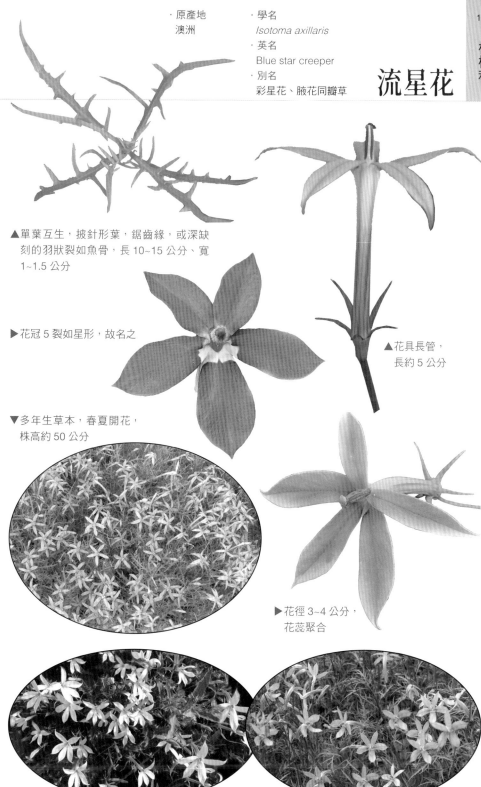

· 原產地
　澳洲

· 學名
　Isotoma axillaris

· 英名
　Blue star creeper

· 別名
　彩星花、腋花同瓣草

流星花

桔梗科

▲單葉互生，披針形葉，鋸齒緣，或深缺
　刻的羽狀裂如魚骨，長 10~15 公分、寬
　1~1.5 公分

▶花冠 5 裂如星形，故名之

▲花具長管，
　長約 5 公分

▼多年生草本，春夏開花，
　株高約 50 公分

▶花徑 3~4 公分，
　花蕊聚合

▲另有白花、粉花品種

草海桐科

紫扇花

· 學名
Scaevola aemula
· 英名
Fan flower
· 原產地
澳洲

▶穗狀花序近莖頂、腋出，花瓣平展如扇，只有半邊，花徑約 3 公分

▶葉長 3~7 公分、寬約 1~3 公分，葉面被疏毛

▶單葉互生，葉形多變化，葉全緣、淺裂或疏齒牙

▼嫩枝葉密佈毛茸

▼多年生草本，株高約 50 公分，全株密被細柔毛，春至秋開花

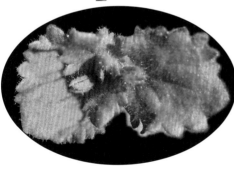

花色另有白、淺紫與粉

▲白扇花

▲白紫扇花

▲粉扇花

· 學名
Centratherum punctatum
· 臺灣歸化種

藍冠菊

▲單葉互生，長 4~8 公分、
寬 1~3 公分，銳鋸齒緣

▶頭狀花序頂生，葉
緣鋸齒深淺不一

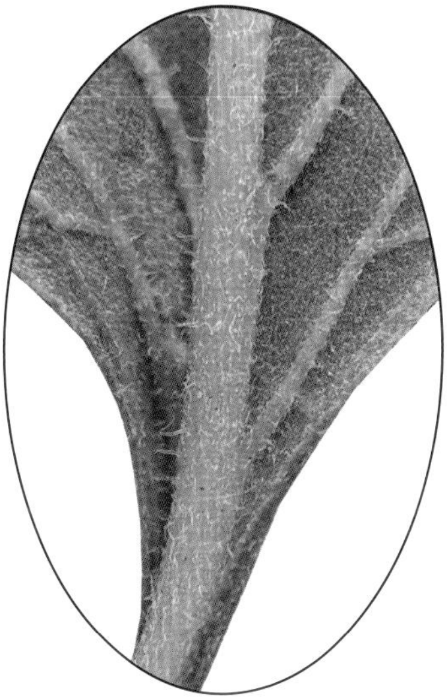

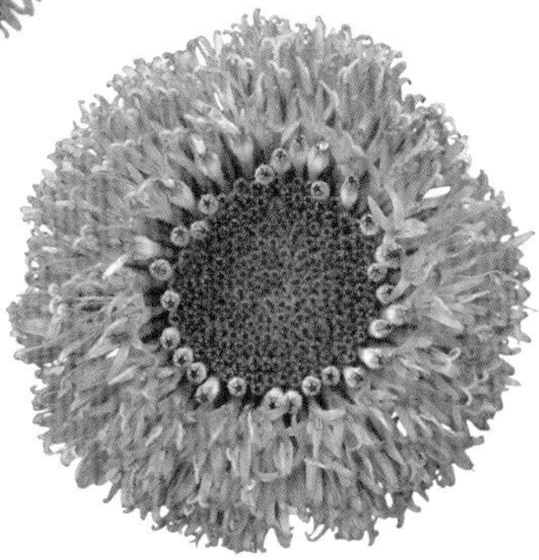

◀▼頭狀花序，徑
2~2.5 公分，
花色藍或粉紫

▲葉背佈毛

◀常開花 (臺中市政公園)

▼常綠亞灌木，株高多 1 公尺以下，嫩枝葉具粗毛
(臺北中山國小)

菊科

馬蘭

· 學名
Kalimeris indica
· 英名
Indian aster
· 臺灣原生種

▼枝生單葉、互生，葉長 5~10 公分、寬 1~2.5 公分

▶葉緣疏粗齒或羽狀淺裂，葉基漸狹、向下延伸至莖枝，無柄

▶花序徑 2.5 公分，初綻放時，中央管狀花僅外圍綻放，花色偏淺淡藍色

▶多年生常綠草本，初生葉叢生於莖基，株高約 60 公分，常開花 (臺中花博森林園區)

▲頭狀花序，從外環的舌瓣花開始綻放，逐漸向內，此花中央的黃色管狀花，已綻放近中心，花色較紫

臺灣狗娃草

· 學名
Aster oldhamii
· 臺灣特有種

▲根出的地面葉，長 10~15 公分、寬約 4 公分，無柄 (台北植物園)

▲株高約 50 公分，花期頗長，適濱海沙灘 (田尾豐田園藝)

◀直立花枝的葉較小，長 2~5 公分、 寬約 1~2 公分；頭狀花序徑 3~4 公分，外圍一圈舌狀花淡紫色，中央多圈的筒狀花黃色、亦有缺舌狀花者

·原產地
　巴西、委內瑞拉

·學名
　Brunfelsia uniflora

·英名
　Manaca rain-tree

·別名
　變色茉莉、五彩茉莉

番茉莉

▲單葉互生，葉長約 10 公分、
　寬約 2.5 公分，柄長 0.5 公分，
　葉易內捲

▲羽側脈約 5 對，
　葉背色淺綠

◀冠筒長約 2.5 公分

▲花單立，芳香，
　頂生或腋出

▶花冠漏斗形，
　徑約 3 公分

◀常綠灌木，株高約 1.5 公尺，盛花期 4 月，
　秋天也會開花 (東海語文館)

茄科

野煙樹

- 學名
Solanum mauritianum
- 英名
Bugweed
- 原產地
南美

▲花冠淡紫色，5 黃色雄蕊，花徑約 2 公分

▶單葉互生或近對生，葉長約 12 公分、寬約 5 公分，柄長 4~8 公分，葉柄於葉腋處，有 1~2 片耳狀小葉片

▲多分枝的繖房花序，花序徑 15~20 公分，全年開花

▲漿果，綠果熟轉暗黃色，球形，徑 1~1.5 公分，有毒

▶常綠灌木，株高可達 5 公尺，全株密被毛茸 (南投清境高空觀景步道旁)

· 原產地
　阿根廷、巴拉圭

· 學名
　Lycianthes rantonnetii

· 英名
　Blue potato bush

· 別名
　星花茄

藍花茄

▼淡藍紫花，5 較深色之放射狀走向
　之帶狀斑條，花心黃色

▲夏秋盛花，全日照開花多

▲葉長約 10 公分、寬約 5 公分、柄長
　約 1 公分，葉面佈毛茸，嫩葉毛茸多

▲秋天果實成熟會轉黃紅色

◀常綠灌木，株高可達 2 公尺，耐熱

▼斑葉藍花茄 *Lycianthes rantonnetii* 'Variegate'

藍金花

· 學名
Otacanthus coeruleus
· 英名
Brazilian snapdragon
· 別名
藍鯨花

· 原產地
巴西

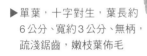

▶葉背密佈毛茸

▶單葉，十字對生，葉長約
6公分、寬約3公分、無柄，
疏淺鋸齒，嫩枝葉佈毛

◀花腋生，花冠長管狀

▼全年常開花，夏秋盛花

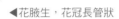

▶花瓣藍紫色，
下方冠喉具白色
斑塊

▼紫褐色枝直立

▼常綠亞灌木，株高可近1公尺
(東海大學景觀系館)

· 學名
Asystasia intrusa
· 原產地
東南亞

紫鶴花

▼常綠亞灌木，株高 1 公尺以下，
耐暑熱、較不耐寒

▲單葉十字對生，葉卵形，全緣微波，
葉長 8 公分、寬 4 公分，葉面被毛

▲盛夏開花

◀▼總狀花序頂生，花冠漏斗狀，
兩側對稱

爵床科

假杜鵑

- 學名
  Barleria cristata
- 英名
  Philippine violet
- 原產地
  印度、東南亞

▶花徑約 4 公分

▶花腋生，基部有 2 大型
綠色苞片，葉背色淺，
枝條方形具 4 稜

苞片

苞片

▲單葉對生，葉長 6~10 公分、
寬 2~4 公分，柄長 1 公分。葉腋
具 2 大形苞片，長約 2 公分，長橢圓形，
花謝由綠轉透明、褐脈

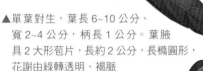

▼密穗狀花序，花冠漏斗形，長約
5 公分

▲花期 3~7 月

◀花蕾基部的苞片，緣針狀鋸齒；
花蕾與枝條有毛茸

▼常綠灌木，株高超過 1 公尺 (菁芳園)

· 學名
　Barleria cristata 'Lavender Lace'
· 別名
　紫蕾絲假杜鵑
· 園藝栽培種

雙色假杜鵑

▼花瓣藍白斑紋，似皋
　月杜鵑，故名假杜鵑

▲單葉對生，葉長約
　5~6 公分、寬約 2
　公分

▼常開花，夏、冬較少

◀葉形苞片，邊緣有
　小鋸齒，齒端針刺

▶常綠灌木，株高超過 1 公尺
　(成美文化園區)

六角英

· 學名
Hypoestes purpurea
· 別名
鯽魚膽
· 臺灣原生種

葉背

▲葉基漸狹併入葉柄

▶穗狀花序長 5 公分，
頂生或腋生，花冠紅
紫色，長約 2 公分，
外被柔毛

▶秋冬群花盛開
（田尾豐田園藝）

▲單葉對生，葉長約 10 公分、
寬約 5 公分、柄長約 2 公分

▶亞灌木，株高可
達 1 公尺 (臺中
花博外埔園區)

· 學名
Justicia procumbens
· 英名
Rat-tail willow,
Creeping rosellularia
· 臺灣原生種

爵床

◀花長約 0.5 公分，
淺粉紫、乳白色

苞片

▲穗狀花序頂生或腋生，長 3 公分；線披針形苞片
之中肋及邊緣被毛；花小，長約 0.5 公分

◀莖直立或斜上，4~6 稜，被灰白毛茸。單葉對生，長
約 3 公分、寬約 1~2 公分、柄長不及 1 公分，葉兩面
疏被毛茸

◀草本，株高約 30 公分，全
株細緻感，花期 5~11 月，
種子自播性強，常持續自
發新植株，是許多蝴蝶的
幼蟲食草與蜜源植物 (田
尾豐田園藝)

矮翠蘆莉

· 學名
Ruellia brittoniana 'Katie'
· 英名
Dwarf Mexican petunia

▼葉長 8~15 公分

▼花
對
公

▶枝條節間短而密集

▶具地下根莖、自行向周邊拓
殖，枝葉密集 (臺中 Tiger
city)

▼常綠亞灌木，株高 60 公分
(臺中草悟道)

粉花矮翠蘆莉 *Ruellia brittoniana* 'Katie's Dwarf Pink'

▼株高約 60 公分
(臺中草悟道)

◀花序頂生、花
徑約 5 公分

▶白花矮翠蘆莉
Ruellia brittoniana
'Katie's Dwarf White'

· 學名
 Ruellia peninsularis
· 英名
 Baja ruellia
· 原產地
 美國加州

短葉毛翠蘆莉

◀嫩葉密佈腺毛，
 觸摸有黏稠感

▶花徑 2.5 公分

◀葉 2~3 公分長，
 較短胖、有毛茸，
 植株耐乾旱

▶藍紫花、冠喉黃色，喜
 充足陽光，主要花期為
 春季，秋季會再開花

◀常綠灌木，不畏高熱炎陽、
 較耐旱，冬季寒流低溫時落
 葉，春暖快速恢復。

翠蘆莉、矮翠蘆莉、蔓性蘆莉、塊根蘆莉草、短葉毛翠蘆莉

花形類似，都是藍紫色，花徑約 5 公分，枝褐紫色

植物	翠蘆莉	矮翠蘆莉	蔓性蘆莉	短葉毛翠蘆莉
株高 (公分)	100	60	30	100
枝葉毛茸	無	無	明顯	明顯
葉長 (公分)	10~18	8~15	3~6	2~3
葉面色	深綠	深綠	灰綠	灰綠
其他	水陸均宜	花色除藍紫外，還有粉、白花品種	枝條較長的蔓灌型植株	葉較短胖、枝灰白

蔓性蘆莉

· 學名
Ruellia squarrosa
· 英名
Water bluebell
· 別名　　　　　· 原產地
水藍鈴　　　　　熱帶南美

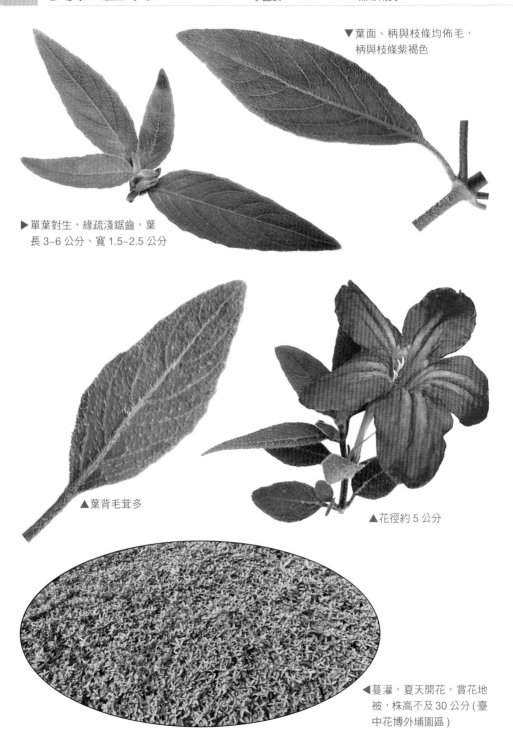

▼葉面、柄與枝條均佈毛，柄與枝條紫褐色

▶單葉對生，緣疏淺鋸齒，葉長 3~6 公分、寬 1.5~2.5 公分

▲葉背毛茸多

▲花徑約 5 公分

◀蔓灌，夏天開花，賞花地被，株高不及 30 公分 (臺中花博外埔園區)

· 學名
Sclerochiton harveyanus
· 英名
Blue lips
· 原產地
南非至辛巴威

藍唇花

▲新嫩枝葉毛茸多

▼單葉對生，葉長 3~6 公分，寬 1~3 公分

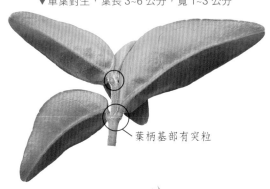

葉柄基部有突粒

▼葉背中肋佈毛

▶穗狀花序頂生，花序長 3~7 公分，紫花自綠色苞片中綻放

▲花只有半邊，徑 2 公分；花被長約 1.5 公分，5 裂

▲適合半日照，盛夏需避免烈日曝曬，四季常開花

▲常綠蔓灌，莖枝長，初直立，之後四散下垂或匍匐

馬藍

· 學名
Strobilanthes cusia
· 臺灣原生種

　　馬藍與臺灣馬藍 (S. formosanus) 的明顯差異在於馬藍的葉兩面無毛，僅嫩葉的背面中肋及羽脈，疏被褐色短柔毛，臺灣馬藍的葉兩面均密被粗毛。

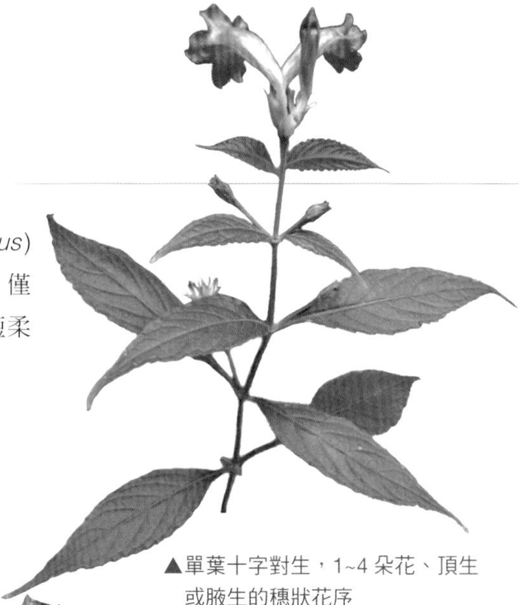

▲單葉十字對生，1~4 朵花、頂生或腋生的穗狀花序

▲花兩側對稱，冠徑約 3 公分，秋開花

▲葉長 10~15 公分、寬約 3~6 公分，鋸齒緣

▲花冠長約 5 公分，外側被細柔毛

▶亞灌木，株高可達 1 公尺（臺中花博森林園區）

· 學名
Strobilanthes longespicatus
· 臺灣特有種

爵床科

長穗馬藍

▼花冠長約 5 公分

▲花冠徑 1.5~3 公分

▼葉緣疏淺細鋸齒、或全緣，葉光
滑無毛。葉長約 10~20 公分、寬
5~7 公分、柄長約 3 公分

▲穗狀花序，長 10~15 公
分，花序因較長而得名，
冬季開花

▶多年生亞灌木，株高可達 2 公尺

紫葉馬藍

· 學名
Strobilanthes persicifolia
· 英名
Goldfussia
· 別名   · 原產地
異葉馬藍   歐亞

◀耐寒之常綠灌木，株高約 1 公尺

▶單葉互生，紫黑色葉片、粉紫色花

▼冬季開花，賞葉並賞花

葉背

· 學名
Thunbergia erecta
· 英名
King's mantle, Bush clockvine
· 原產地
熱帶西非

立鶴花

▲葉背之羽狀側脈 4~5 對

▼單葉對生，波浪緣，葉長 3~6 公分、寬 1~3 公分、赤紫色葉柄、長 0.3 公分，枝方形、紫褐色

苞片 ──

▲春天盛花

▼常綠灌木，株高 1~2 公尺，全年常開花，冬季花較少

▲花冠深藍紫、喉部深黃，徑約 6 公分

▲花冠漏斗形，具長筒

宿存花萼

▶蒴果基部圓，端具尖嘴，長約 3 公分，細長宿存花萼、有長有短

毛立鶴花

· 學名
Thunbergia battiscombei
· 英名
Blue glory vine
· 原產地
熱帶非洲

▶ 蔓灌,單葉對生、卵形葉,長約 15 公分,葉全緣、淺缺刻、微波浪,葉基 3~5 出脈

▼ 花萼與花蕾均密佈毛茸

▲ 花冠徑約 5 公分,長 3 公分,花瓣表面光滑無毛、背面密佈毛茸

白立鶴花

· 學名
Thunbergia erecta 'Alba'
· 英名
White king's mantle
· 園藝栽培種

▶ 葉緣較無波浪

▼ 臺中花博后里園區

▲ 白花冠喉黃

Thunbergia erecta 'Blue Jade'　**藍玉立鶴花**

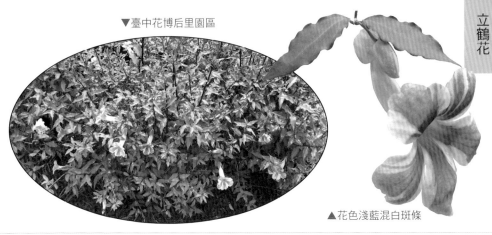

▼臺中花博后里園區

▲花色淺藍混白斑條

Thunbergia erecta 'Blue Moon'　**藍月立鶴花**

◀花期長、花數多，
整株花色深淺不一

▶葉緣波浪狀，花色
淺藍、淡藍紫

Thunbergia natalensis　**假立鶴花**

◀花色淺藍至深紫藍，冠喉黃橙

▶與立鶴花的葉緣不同，
有缺刻，卻較無波浪

唇形科

矮筋骨草

·學名
Ajuga pygmaea
·英名
Taiwan bugle
·別名
紫雲蔓

·臺灣原生種

▼唇形花，花冠長約 1 公分，藍紫色、
有縱走白斑條，4 雄蕊、2 長 2 短

▲葉近根部簇生，葉長 3~5 公分，寬 1~2
公分、葉基延伸成柄翼，緣疏鋸齒

▶ 12 月至翌年 4 月開花

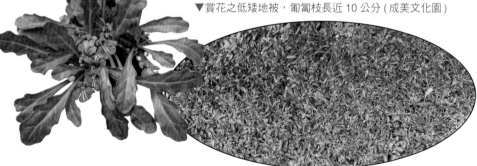

▼多年生草本，株高約
20 公分，全株有毛茸

▼賞花之低矮地被，匍匐枝長近 10 公分 (成美文化園)

◀粉花品種　　　▼白花品種

· 學名
Ajuga reptans
· 英名
Carpet bugle
· 原產地
歐洲

唇形科

紫唇花

◀紫色唇形花，苞片綠色、被毛茸

▼紫花、綠葉

· 學名
Ajuga reptans 'Chocolate Chip'
· 別名
巧克力泰氏筋骨草
· 園藝栽培種

細葉紫唇花

▼植株低矮，株高 20 公分，花色淡紫

▲葉較狹長，5~10 公分長、
寬 1~3 公分，深棕紅、銅
綠色

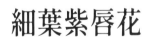

唇形科

銀葉紫唇花

・學名
Ajuga reptans
'Silver Queen'
・園藝栽培種

▲銀灰綠葉色，新葉銀白色、密被銀絲狀毛茸，紫花

銅紫筋骨草

・學名
Ajuga reptans 'Atropurpurea'
・園藝栽培種

▶總狀花序頂生，紫色唇形花，自
酒紅色苞片內伸出，春夏盛開

▲單葉叢生，蓮座排列，葉緣圓鋸齒，
葉色墨綠、棕紅、綠

· 學名
Ajuga reptans cv. burgundy glow
· 別名
錦葉歐洲筋骨草、二色紫唇草
· 園藝栽培種

錦葉紫唇花

▶品種名為 burgundy glow，
因葉色深紅近似紅葡萄酒色

▲深藍色花、二唇狀，花葉俱美

▲葉有深紅、粉紅、乳白與綠色，
緣微波

▲低矮貼地之彩葉賞花地被
（成美文化園）

▶多年生草本，全株佈毛，短
縮莖，會形成匍匐生長走莖，
易拓殖，耐溼

唇形科

圓葉牛至

· 學名
Origanum 'Kent Beauty'
· 英名
Ornamental oregano
· 園藝栽培種

▼夏秋開花，穗狀花序，充足陽光之苞片較粉紫

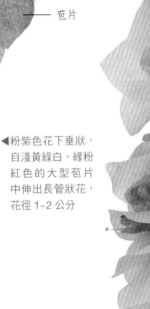

苞片

▲葉卵形、藍綠色，葉脈明顯。嫩葉橢圓形、銀脈、覆白霜狀。葉長 7~10 公分，葉面密佈腺體，會散發香氣

▼花枝下垂

◀粉紫色花下垂狀，自淺黃綠白、緣粉紅色的大型苞片中伸出長管狀花，花徑 1~2 公分

▲多年生草本，喜全日照、耐寒

唇形科

▼花淺紫白品種

· 學名
Plectranthus
'Mona Lavender'
· 園藝栽培種

紫鳳凰

◀單葉對生，葉背與枝
　紫褐色

◀花冠長約 1.8 公分、
　寬約 1 公分

◀葉與柄均長約
　2~5 公分，葉
　面密佈點狀腺
　體與長茸毛

▶ 2 唇、長管
　狀花

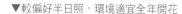

▼較偏好半日照，環境適宜全年開花

▼花期秋至翌春

▼多年生草本，株高多 1 公尺以下 (臺北花博公園)

到手香

· 學名
Plectranthus amboinicus
· 英名
Mexican mint, Cuban oregano
· 別名
左手香

· 原產地
東、南非等熱帶地區

▼單葉對生，葉長 5~8 公分、葉寬 3~5 公分、
柄長 1~4 公分，葉肥厚肉質，粗鋸齒緣

▶ 花序長 10~20 公
分，小花層層排列，
花冠長約 1 公分，淡
粉紫色，春、秋較常見

▼葉背密佈毛茸

▼與斑葉品種
混植

▼多年生亞灌木，全株被毛，具濃郁香
氣，株高可達 1 公尺

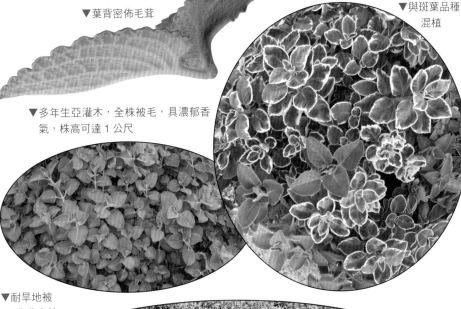

▼耐旱地被
（臺北車站）

· 別名
碰碰香、蘋果香
· 園藝栽培品種

· 學名
Plectranthus socotranum

· 英名
Small leaves Cuban oregano

小葉到手香

◀葉背毛茸密佈

▲平展的圓卵形葉，全株具香氣

▼穗狀花序，長可達 30 公分

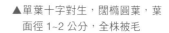

▲單葉十字對生，闊橢圓葉，葉
面徑 1~2 公分，全株被毛

▲小葉、低矮的精緻地被

◀常綠亞灌木，株高約 50 公分，
耐乾旱 (陳佳興拍攝)

斑葉到手香

· 學名
Plectranthus amboinicus 'Variegata'
· 英名
Variegated Cuban oregano
· 園藝栽培品種

▶單葉十字對生，葉長約 6 公分、寬約 5 公分、
葉柄長 2~3 公分，肉質，鋸齒緣，密佈短柔毛

葉面

▼葉背密被腺毛

葉背

▶聚繖花序，長可達 20 公分，
被毛。花萼卵形，紅褐色，
端 2 唇裂；花冠粉紫色，彎
曲並下傾，長約 1 公分

▼具香氣、賞葉、耐旱的地被植物 (菁芳園)

▼黃斑到手香

· 學名
Poliomintha longiflora
· 英名
Mexican oregano
· 原產地
墨西哥

墨西哥牛至

◀單葉對生，葉具香氣，枝具 4 稜，
葉長 2.5 公分，具腺體與毛茸

▶粉紫色管狀花

▼多年生半常綠草本，不畏熱，株高
可達 1 公尺，全株被柔毛，7~9
月開花

藍色蜂鳥鼠尾草

· 學名
Salvia guaranitica
· 英名
Blue anise sage
· 原產地
南美

▶花萼綠色或紫褐色，因品種而異，花期夏秋

▲綠枝帶紫色、密佈毛茸，葉長 5~12 公分、寬 2~6 公分，鋸齒緣，葉面隨網脈凹凸不平

▲唇形花冠，長 5 公分，花色藍紫，綠花萼帶紫褐色

▶枝方形，葉背、葉柄與枝條均佈毛茸

▼耐熱，溫暖地區為多年生草本，株高可達 1 公尺 (菁芳園)

▼枝與花萼紫黑色品種

田代氏鼠尾草

· 學名
Salvia tashiroi
· 臺灣固有種

▶頂生總狀花序，長約 15 公分，花冠長筒狀，長約 1.5 公分，外被短柔毛和腺毛

▲多年生草本，株高 30 公分，葉長約 5 公分、寬約 3 公分 (臺北植物園)

· 學名
Salvia leucantha
· 英名
Mexican bush sage
· 原產地
墨西哥、美國德州

墨西哥鼠尾草

◀單葉對生，枝紫褐色，具4稜、密佈銀白毛茸

◀葉背密佈銀白毛茸，緣具半圓形齒牙

▶葉面不平、密佈細小凹凸，葉長8~15公分、寬1~2公分、柄長1~2公分

◀花萼紅紫色，唇形花白或淺紫色，花徑約0.7公分，佈絨毛

◀輪繖花序頂生，長30~40公分，每輪7~10朵小花

▼常綠亞灌木，全株佈毛，株高可達1公尺(武陵農場)

▲幾乎全年開花，高溫期花較少(武陵農場)

唇形科

印度黃芩

· 學名
Scutellaria indica
· 臺灣原生種

▲果實乾熟

◀果實狀似耳挖，故名耳挖草，
佈毛，莖枝四稜形

◀藍紫色脣形花，下唇
色白、佈紫色斑點

▲小花長 1.5~2 公分，花期 9 月至翌年 4 月

◀單葉對生，緣圓鋸齒、具毛，枝葉被柔
毛，葉長 2~3 公分，寬 1~3 公分、柄長
約 1 公分

▼多年生草本，全株具毛，株高約 30 公分
（陳佳興拍攝）

▼花後果熟亦具觀賞性

· 學名
Scutellaria tashiroi
· 英名
Tashiroi skullcap
· 臺灣特有種

田代氏黃芩

▲葉背

▲單葉對生，葉長約 3 公分、寬約 2 公分，緣疏鈍鋸齒

▲花期 9 月至翌年 4 月

▲花偏向一側，長約 1 公分

▼多年生草本，全株被毛，株高
50 公分以下 (新化
果菜市場)

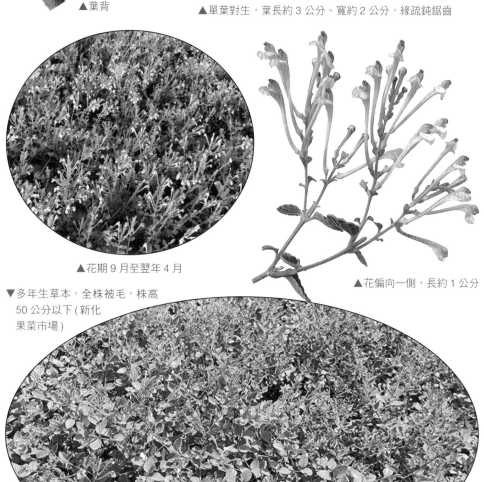

百合科

臺灣油點草

· 學名
Tricyrtis formosana
· 英名
Taiwan toadlily
· 臺灣特有種

▼綠葉面有不明顯的斑點

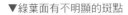

▲單葉互生，稈略呈彎曲，
　葉長 10~15 公分

突出花距

▲花基具突出花距，乃花瓣增
　生，儲存花蜜，以引誘昆
　蟲、用來協助異花授粉

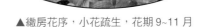

▲繖房花序，小花疏生，花期 9~11 月

▲花喇叭狀，紫粉紅、散佈深色斑點，6 雄蕊，花
　藥丁字，花長 2.5 公分

◀花的柱頭 3 叉，每一尾端又 2 小
　叉，整個柱頭頂端佈滿疣狀腺體，
　粗糙類似蟾蜍皮膚，又名臺
　灣蟾蜍百合。蒴果 3
　稜長柱狀，長約
　3 公分

▼多年生草本，株高約 50~80 公分，
　喜潮濕陰暗 (臺中花博森林園區)

果實

· 學名
Agapanthus africanus
· 英名
Lily of the Nile, African lily
· 原產地
南非

百子蓮

石蒜科

▲花蕾

▲熟果縱裂，
種子黑色

▲淺紫花、自花心有 6 條放射狀深藍斑條

▼單葉根生，長約 60 公分

▲果實綠色、下垂

▼誘蝶植物

· 學名
Neomarica gracilis
· 英名
Walking iris, Apostle plant
· 別名
馬蝶花、馬蝶蘭

· 原產地
墨西哥至巴西南部

巴西鳶尾

▼花開於走莖近末端的芽點，
多上午綻放，傍晚前花謝

▲外花被白色、基部有褐色虎紋斑；
內花被卷曲、端有藍紫色虎紋斑，
基部有褐色虎紋斑

◀花期春花，花徑 8~10 公分

▼多年生草本，株高約 50 公分，地下部有短小根莖，
單葉發自根際，二列互生排成扇狀。走莖彎曲接觸
地面易發根，藉以繁殖拓展 (臺中花博后里園區)

▶每枝花莖可綻
放 3~5 朵花

白色花

郁李

· 學名
Prunus japonica
· 英名
Dwarf flowering cherry
· 別名
玉梅、庭梅

· 臺灣歸化種

▶ 2~3 月開花，花徑約 2.5 公分，重瓣品種

▶雄蕊多數，
花絲不等長

▲單葉互生，葉紙質，葉長約 4 公分、
寬約 1.5 公分、柄長 0.6 公分

▼果熟鮮紅色，徑約 1 公分

▶落葉灌木，株高 1~1.5 公尺

- 別名
  臺東火刺木
- 臺灣原生種

- 學名
  Pyracantha koidzumii
- 英名
  Taiwan fire thorn

臺灣火刺木

原產地已瀕危，市面常見已經長時間自然雜交，難以認定是否為原生種，泛稱火刺木或狀元紅較宜。

▲單葉，互生至叢生，葉腋小枝形成尖刺

▶葉端鈍、微凹，全緣或近葉端有不明顯之淺鈍細鋸齒

▼常綠蔓灌 (杉林溪)

葉面

▲葉背色淺、網脈明顯，葉長約 3~4 公分、寬約 1 公分

▼株高可達 3 公尺 (洛杉磯)

火刺木

▼簇生狀之圓錐或複繖房花序

▲花冠徑約 0.7 公分，雄蕊 15-20

▼綠果

▶ 3~4 月開花

▶漿果頂端具宿存萼

▼▶成熟轉豔紅，9~11 月為賞果期，果徑 0.6 公分

·別名
南仁石斑木
·臺灣原生種

·學名
Rhaphiolepis indica var. *shilanesis*
·英名
Hiiranshan hawthorn

恆春石斑木

▼聚繖花序頂生，盛花期 4 月，花徑約 1 公分

▲葉叢生枝端，葉長約 5 公分、寬 1.5~2 公分，
革質，嫩枝葉佈毛

葉背　　　　　葉面

▲葉背色較淺，深綠之細網脈紋特別凸顯，
葉緣僅上半部鋸齒，葉基漸狹而無柄

▲老葉轉紅後掉落

▼常綠灌木、株高可達 3 公尺，嫩葉紅色

▲枝端的新枝葉與花枝均為紅色、有毛

薔薇科

石斑木

· 學名
Rhaphiolepis indica
· 英名
Indian hawthorn
· 原產地
亞洲東、南部及東南亞

▼圓錐花序

▼花苞尖線形，長 0.7 公分

▼花冠徑 1~1.5 公分，
雄蕊長短不一

▼春天 4 月花盛開
（東山服務區）

◀葉面透光脈紋，葉緣疏淺鋸齒

▶單葉互生，葉長約5
公分、寬2公分、
柄長0.2公分，
嫩葉面有毛

◀葉背的綠色格網葉脈

▲果球形，徑約0.5公分，
熟轉黑紫

◀常綠灌木至小喬木，株高3~5公尺
（彰化北斗傳世御花園）

薔薇科

厚葉石斑木

· 學名
Rhaphiolepis indica var. *umbellate*
· 英名
Whole-leaf hawthorn
· 臺灣原生種

▲球形果、徑 0.8 公分，
　熟為紫黑色

▲耐濱海環境 (高美濕地)

▼常綠大灌木，株高可達 2 公尺 (臺灣大學)

▲冠徑 2 公分，雄蕊
15~20、長短不一，
初開花絲色白，之
後轉紫紅色

▼ 4 月盛花

▼中科橫山公園

▲嫩葉面密布
黃褐色毛茸

▲葉背色淺綠，
細格網脈突顯

▲葉全緣、或疏淺鋸齒，厚
革質，葉長約 4~6 公分、
寬 3~4 公分、柄長 1 公分

▼新嫩枝葉毛茸多，緣易反捲

▲雌蕊與花萼筒合生，
花萼被毛

▲老葉掉落前，可能先轉紅豔色

厚葉石斑木、石斑木、恆春石斑木

項目	厚葉石斑木	石斑木	恆春石斑木
原產地	基隆、蘭嶼、綠島	非本土	恆春半島
新葉	密被白或淺銹色毛	有毛	有毛、紅色
葉質地	厚革質	薄革質	薄革質
葉緣	全緣、反捲或疏淺鋸齒	粗鋸齒	鋸齒

薔薇科

笑靨花

· 學名
Spiraea prunifolia var. *pseudoprunifolia*
· 英名
Taiwan bridal wreath spiraea
· 臺灣特有變種

▶春天開花，落葉灌木，株高可達 2 公尺 (臺北植物園)

葉面

▲單葉互生，葉長約 3 公分、寬約 1 公分、柄長約 0.5 公分，有毛茸

葉背

▶葉紙質，上部鋸齒，下部全緣，葉背有毛茸

▲花中央的子房已形成蓇葖果，有 5 分果，長不及 0.5 公分

▶花徑不及 1 公分，多見於臺灣中高海拔向陽山坡

· 學名
Bauhinia acuminata
· 英名
Dwarf white bauhinia
· 原產地　　· 別名
東南亞　　　矮白花羊蹄甲

木椀樹

▶花冠徑約 7 公分，5 單瓣，10 雄蕊，長短不一，1 雌蕊

▲單葉互生，葉兩端凹入，葉基有 9~11 掌
　狀脈。葉徑 10~14 公分、柄長 2~3 公分

▲總狀花序頂生，
　花冠不完全開展

▲半落葉至落葉灌木，5~7 月開花

華八仙

· 學名
Hydrangea chinensis
· 臺灣原生種

▶蒴果徑 0.5 公分，果端具宿存花柱

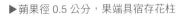

▲單葉對生，葉長 8~12 公分、寬 3~4 公分，柄長 0.5~1 公分，紫黑色

▼葉全緣或疏淺鋸齒，鋸齒先端 腺點狀，葉背灰白綠， 羽狀側脈 7~10 對

▼花序之小花有 2 種，花序中央的小花 群，為有性花；外圍之無性花，具大 型白色瓣狀萼片 4~6，具觀賞性

▼2~4 月開花，常綠灌木，株高可達 3 公尺 (臺北植物園)

· 原產地
美國東南部

· 學名
Hydrangea quercifolia

· 英名
Oakleaf hydrangea

· 別名
櫟葉繡球

橡葉繡球

▶大型聚繖花序，下垂狀

▲群花盛開

▶大型萼片，如花瓣狀

▲葉片如橡樹葉，故名之

▲落葉灌木，株高可達 2 公尺，6~8 月開花

八仙花科

西洋山梅花

- 學名
  Philadelphus coronarius
- 英名
  Mock orange
- 別名
  歐洲山梅花
- 原產地
  南亞、小亞細亞

▲ 5~6 月盛花期，5~7 朵小花組成總狀花序

▲葉卵至卵長橢圓形，長 4~8 公分，葉基 3~5 出脈，疏鋸齒緣

▼落葉灌木，株高可達 3 公尺

▲花具芳香，徑約 3 公分，黃色雄蕊多數，長 1 公分，雌蕊花柱 1、柱頭 4 裂

▲喜溫暖濕潤之半蔭環境，較耐寒

· 學名
Abelia chinensis var. *ionandra*
· 英名
Taiwan abelia
· 臺灣特有種

臺灣糯米條

▲單葉對生，葉長 1~2 公分、寬 0.5~1 公分、柄長 0.2 公分，枝條具 4 稜

▲嫩枝葉紅色佈毛，疏鈍鋸齒緣

▲白花凋謝，淺褐色花萼宿存

▲白花，高盆形，冠筒長 1~1.5 公分，花絲細長，長 1 公分，基部粉淡褐色花萼

▲頂生聚繖花序

▼落葉小灌木，株高可達 2 公尺
（臺中文修公園）

▲初夏至秋是盛花期

琉球莢蒾

· 學名
Viburnum suspensum
· 英名
Sandankwa viburnum
· 別名
長筒莢蒾

· 原產地
琉球

◀單葉對生，葉長 5~8 公分、寬 2~5 公分，柄長約 1 公分、被星狀柔毛，新葉紅彩

▶小枝紫褐色，皮孔明顯，被毛

▲短雄蕊著生於花冠筒端，花藥長圓形

▲葉厚紙質、略革質，羽側脈約 4 對，葉基似有 3 出脈，葉緣淺圓齒

▶葉背網脈明顯

▲花序頂生，白花漏斗狀，花徑與長均約 1 公分

▼常綠灌木，株高可達 1 公尺 (臺中文修公園)

▼核果，熟橘紅色，徑約 0.6 公分

· 原產地
　地中海地區

· 學名
　Viburnum tinus

· 英名
　Laurustinus

地中海莢蒾

▶ 葉橢圓形，長 10 公分，全緣，
　葉色深綠

▲ 花蕾紅色，持續可長達 5 個月

▼ 常綠灌木，株高可達 2 公尺，花期 11 月至翌 4 月

▲ 聚繖花序、徑 10 公分，白花、徑 0.6 公分

刺葉黃褥花

·學名
Malpighia coccigera
·英名
Miniature hoiig
·別名
櫟葉櫻桃

·原產地
西印度

▼花徑約 1.5 公分，
波狀瓣緣有細缺刻

葉緣有小硬刺

▲單葉對生，硬枝條紅褐、佈
毛，葉硬革質，長 1~2 公分

◀一年多次開花

▲每片葉形都不一樣

▲果徑約 1 公分

▼常綠灌木、枝葉細緻，株高多不及 1 公尺
（臺中西屯國小）

·原產地
中美洲

·學名
Euphorbia leucocephala

·英名
Little christmas flower

·別名
雪花木、白雪木

聖誕初雪

▶ 葉長 3~7 公分、寬 1~3 公分、
柄長 3~6 公分

▼大花序形成花球

▲單葉對生或輪生

▶ 葉背色較淺、羽
側脈 15~20 對

▼大戟花序，梗長 3 公分，基部具多數白
色苞片，長 1~2 公分、寬 0.2~0.5 公分，
為主要觀賞部位

▲雪白的細緻苞片形似雪花，故名之

▼常綠灌木，株高可達 2 公尺，聖誕節前後開花
（花博森林園區）

▶非花期

單子蒲桃

· 學名
Eugenia pitanga
· 英名
Pitanga
· 原產地
巴西、阿根廷

葉面　　　葉背

▲葉長 6 公分，寬 3.5 公分，葉面深綠色、背淡綠

▲枝葉都對生，新葉黃綠、漸轉暗綠色

▼雄蕊數多

▼小白花，徑約 0.7 公分，枝端腋生

▼果球形，徑 1.7 公分，果端有殘存花萼，成熟橘紅色

▼常綠灌木

·原產地
巴西
·學名
Syzygium uniflora
·英名
Surinam cherry
·別名
稜果蒲桃

扁櫻桃

◀漿果下垂,扁球形,具多條縱稜,徑 1.5 公分,隨成熟階段果色改變

▲種子

◀單葉對生,新葉艷紅,葉長 5 公分、寬 2.5 公分、柄長 0.1 公分

▼常綠灌木,株高可達 3 公尺 (傳世御花園)

▲葉背密佈油腺點

▲葉面密佈油腺點

▼嫩葉紅色

▼綠籬 (臺中寶元紀)

▼花徑 0.8 公分

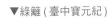

桃金孃科

香菝

· 學名
Psidium 'Odorata'
· 園藝栽培種

▶葉長約 3 公分、寬
1~1.5 公分，葉背
佈毛茸、色較淺

葉背

▲葉背密佈白毛茸

▼花徑約 3 公分，
雄蕊頗多

▼經常開花

▼果徑約 1.5 公分，綠色萼片宿存。
單葉對生，新葉密佈白毛茸

▶常綠灌木，3~5 月盛花

·學名
Lawsonia inermis
·英名
Mignonette tree, Henna
·原產地
北非、亞洲、澳洲

指甲花

全株含植物色素，可染指甲及頭髮，故名
指甲花。花朵具香氣，早晨或傍晚花香較濃。

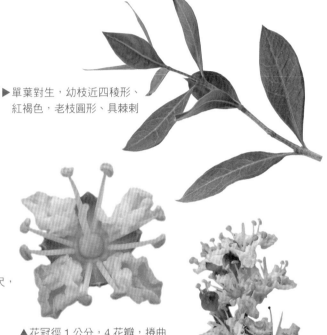

▶單葉對生，幼枝近四稜形、
紅褐色，老枝圓形、具棘刺

▲葉長約 4 公分、寬約 1 公分，
紙質，羽狀側脈 5~6 對

▼常綠大灌木，株高可達 3 公尺，
花期 4~8 月

▲花冠徑 1 公分，4 花瓣，捲曲
皺摺，8 雄蕊伸出花冠外

▲圓錐花序頂生或腋生，
長 10~20 公分

◀果期 9~11 月，蘋果球形，徑約 0.6
公分，成熟會不規則開裂

冬青科

三花冬青

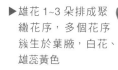

· 學名
Ilex triflora
· 原產地
中國、東南亞

▶雄花 1~3 朵排成聚
繖花序，多個花序
簇生於葉腋，白花、
雄蕊黃色

▲花多 4 瓣、偶有 6 瓣，花冠
徑約 0.5 公分，5~7 月開花

▶常綠灌木，株高可達 5 公尺
（沙鹿公館公園）

▲單葉互生，葉長 5~8 公分、寬 2~3 公分，
疏淺鋸齒，齒端具腺體，背面具腺點、疏被
短柔毛，葉脈不明顯

· 學名
Euonymus cochinchinensis
· 臺灣原生種

交趾衛矛

▼單葉對生或輪生，嫩枝葉紅色；常綠灌木，枝平滑

▲多3葉輪生、厚革質，長約8公分、寬約4公分，短柄、長不足1公分

◀▶聚繖花序腋生，小花初為黃白色、漸轉紅粉

▼紅果具觀賞性，5~9月結果

▲瓣端絲裂，花盤杯狀，3~5月開花

▲蒴果徑約1公分，果熟下方裂開

月橘

· 學名
Murraya exotica
· 別名
七里香
· 臺灣原生種

▼一回奇數羽狀複葉，小葉 3~7 對

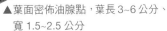
▲葉面密佈油腺點，葉長 3~6 公分、寬 1.5~2.5 公分

▲葉背透光可見許多透明油腺點

▲常綠灌木或小喬木，株高可達 4 公尺 (成美文化園)

▲常見的綠籬，耐修剪

▶果長約 1.3 公分，徑 1 公分，熟紅色

▲花香濃郁

▶花徑 1~1.5 公分，頂生或腋生繖房花序，
　長 5~8 公分

▼花期夏秋

▲ 10 雄蕊、5 長 5 短

重瓣茉莉

▼多 3~4 葉輪生

· 學名
Jasminum sambac cv. Trifoliatum
· 園藝栽培種

▼單葉，對生或
多葉輪生

▼橢圓形葉，葉長約 6 公分、寬 2~3
公分、柄長不及 1 公分

▶花萼線狀深裂，
可能超過 10 片，茉
莉的花萼裂片數較少

▲花冠徑約 3 公分

▶花蕾較緊實，花瓣數頗多，
但較不具香氣

▼常綠至半落葉蔓灌，嫩枝有柔毛

▼亦有花瓣數較少品種

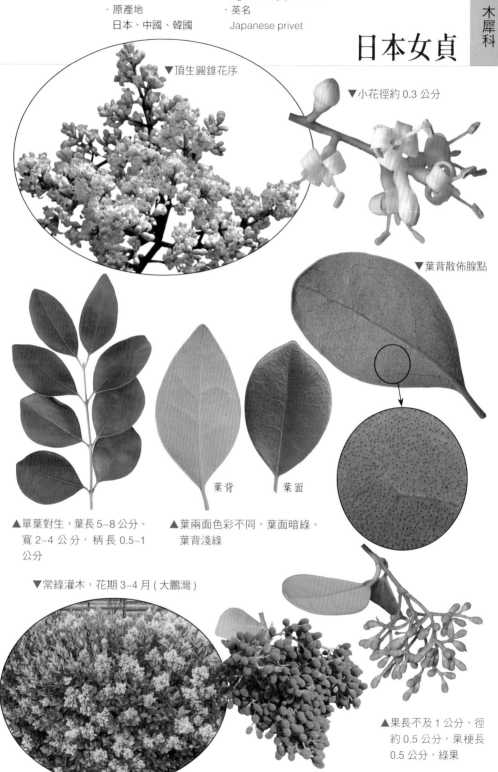

· 別名
女貞
· 原產地
日本、中國、韓國

· 學名
Ligustrum japonicum
· 英名
Japanese privet

木犀科

日本女貞

▼頂生圓錐花序

▼小花徑約 0.3 公分

▼葉背散佈腺點

葉背　　　葉面

▲單葉對生，葉長 5~8 公分、
　寬 2~4 公分，柄長 0.5~1
　公分

▲葉兩面色彩不同，葉面暗綠、
　葉背淺綠

▼常綠灌木，花期 3~4 月 (大鵬灣)

▲果長不及 1 公分，徑
　約 0.5 公分，果梗長
　0.5 公分，綠果

▲熟果，果期 7 月至翌 5 月

夾竹桃科

小卡利撒

· 學名
Carissa carandas
· 英名
Karanda fruit
· 原產地
印度至印尼之熱帶地區

▼春夏開花，白花、筒部紅色

花與果較小，果實較圓。

▲葉長 3~4 公分，寬 2~3 公分，
果實圓球形、徑約 2 公分

▶紅果，後轉紫黑色

▼常綠灌木，適地被

▲果實於不同成熟階段會變色，故名彩虹櫻
桃，枝葉茂密、花果較多

·原產地
南非

·學名
Carissa macrocarpa

·英名
Natal plum, Carissa

·別名
卡利薩、美國櫻桃

卡利撒

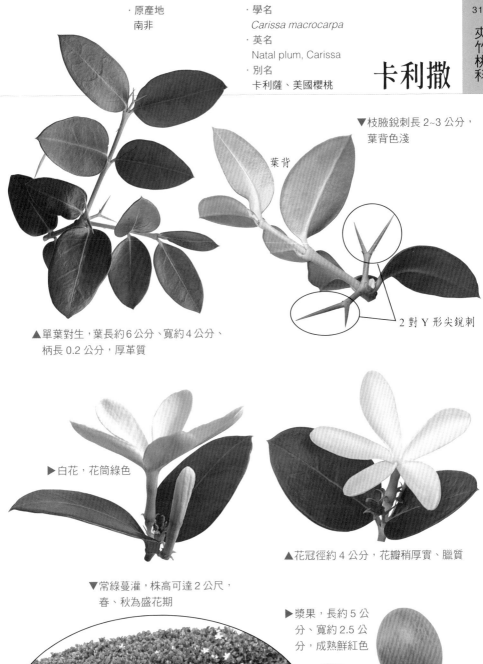

▼枝腋銳刺長 2~3 公分，
葉背色淺

葉背

2 對 Y 形尖銳刺

▲單葉對生，葉長約 6 公分、寬約 4 公分、
柄長 0.2 公分，厚革質

▶白花，花筒綠色

▲花冠徑約 4 公分，花瓣稍厚實、蠟質

▼常綠蔓灌，株高可達 2 公尺，
春、秋為盛花期

▶漿果，長約 5 公
分、寬約 2.5 公
分，成熟鮮紅色

夾竹桃科

斑葉小卡利撒

·學名
Carissa macrocarpa 'Humphreyi Variegata'
·英名
Variegated natal plum
·園藝栽培種

◀小葉之斑葉品種，
單葉對生

▲葉色多彩，葉面徑 3~4 公分

◀刺小，甚至無刺

▼枝葉密簇、彩葉低矮小灌木

白邊卡利薩 *Carissa macrocarpa* 'Variegata'

- 學名
  Tabernaemontana dichotoma
- 英名
  Lanyu tabernaemontana
- 臺灣原生種

蘭嶼山馬茶

▼花長 1.5~2 公分，徑約 5 公分

▶聚繖花序，枝 2 叉狀分枝

◀果成對著生，熟橘紅色，長 3~4 公分、徑約 2 公分

▼灌木或小喬木，株高可達 4 公尺（台北植物園）

▶綠果，果端具小突尖

▶單葉對生，葉長 10~15 公分、寬 4~8 公分、柄長 1~2 公分，葉背色較淺

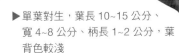

重瓣山馬茶

· 學名
Tabernaemontana divaricata cv. Gouyahua tasiang

· 英名
Double-flowering crape jasmine

· 別名
重瓣馬蹄花

· 園藝栽培種

▼葉長 10~12 公分、寬約 3 公分、柄長約 1 公分

▼單葉對生，葉背色較淺

◄小枝圓柱形，雙叉狀分枝

葉背　　　葉面

▶暖冬常綠、寒冬落葉，灌木株高可達 2 公尺，夏秋開花，略具芳香 (臺中教育大學)

▲聚繖花序、雙叉狀，小花長約3公分，綠色花萼深5裂，裂片披針形，長短不一

▲花序著生於枝端葉腋

▶花徑約3~4公分，瓣緣波浪狀

闊葉重瓣山馬茶

◀花重瓣、葉片較寬闊

▼灌木

蘿藦科

釘頭果

· 學名
Asclepias fruticosa
· 英名
African milkweed
· 別名
唐棉、河豚果

· 原產地
非洲

▲葉為蝴蝶幼虫食草

◀單葉對生，線披針形葉，長 10~12 公分、 寬 1~2 公分、柄長 0.5~1 公分

◀2 輪白花冠，內輪為副花冠，較外輪主花冠短小

▼綠果膨漲如氣球，果面有許多細軟長毛

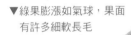

▶繖形花序，小花 10 數朵，腋生，垂懸狀

▲果熟自動開裂，種子先端具銀白色毛叢

▶常綠亞灌木，株高可達 2 公尺

· 園藝栽培種　· 學名
Gardenia hybrid 'Leefive'
· 英名
Diamond spire gardenia
· 別名
達摩梔子花、丸葉梔子、圓葉梔子

圓葉玉堂春

▲花單瓣 5~8 片，覆瓦狀排列，花冠筒長約 2~3.5 公分，花期晚春至秋

▲花瓣卵圓形，花徑 4 公分，白花快凋謝時，轉為乳黃色，具芳香

▲常綠小灌木，株高約 1 公尺；單葉對生，葉卵圓形，端鈍圓，厚革質，葉面暗綠

▲葉長約 3 公分，托葉著生於 2 葉間，合生成鞘狀抱莖，幾乎無葉柄

▲葉背色淺、脈紋明顯

雪萼花

· 學名
Mussaenda philippica 'Aurorae'
· 英名
Snow mussaenda
· 別名
白紙扇

· 園藝栽培種

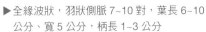

▼單葉對生，葉為長橢圓或長卵形，葉端漸尖或尾形，葉基鈍，全緣，葉全體被毛，革質或厚紙質

▲葉背毛茸

▶全緣波狀，羽狀側脈 7~10 對，葉長 6~10 公分、寬 5 公分，柄長 1~3 公分

▶嫩枝葉密覆毛茸

▲乳白色萼片具觀賞性，持續時間長

▼落葉灌木，株高可達 2 公尺，夏季開花 (花露農場)

▲橙金黃色小花，冠徑 1 公分，高杯合生呈星形，5 萼片均肥大

· 學名
Ophiorrhiza japonica
· 英名
Japanese ophiorrhiza
· 臺灣原生種

蛇根草

▲單葉對生，嫩葉疏被毛；葉長 5~12
　公分、柄長約 2 公分

▼聚繖花序頂生，花冠喉部被毛，
　花白略帶紫色，花冠合生成筒形

▲花冠如星狀

▼每花序 5 或多朵叢生，花綻開時下垂

▼枝梢一對翠綠的新葉特別凸顯，喜
　生長於中低海拔林下陰濕地

▼花小，數量頗多，花期春至初夏 (明池)

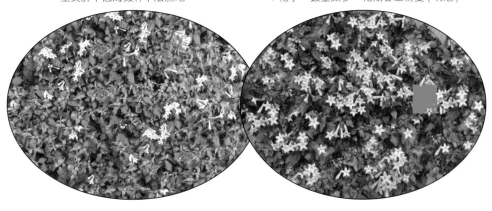

白杜虹花

· 學名
Callicarpa formosana var. *albiflora*
· 別名
白果杜虹花、白粗糠仔

▶聚繖花序腋生，單葉對生

▲花綻放如螃蟹吐出的白沫，
故名白螃蟹花

▶常綠大灌木，株高可達 3 公尺，
枝葉密被黃褐色星狀毛

▼葉粗糙、滿佈黃褐色毛，
葉長 10~15 公分、寬 5~8
公分，紙質

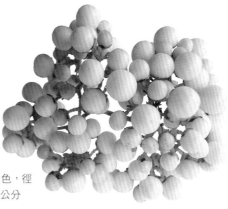

▶果實白色，徑
約 0.3 公分

· 學名
Callicarpa pilosissima
· 英名
Narrowleaf beauty-berry
· 臺灣原生種

細葉紫珠

馬鞭草科

◀單葉對生，葉長 10~20 公分、寬約 3 公分、
柄短於 1 公分，均密生毛茸

▲夏秋開花結果

▲綠果漸轉為白色，果徑約 3.5 公分

▼常綠大灌木，株高可達 3 公尺，全株多處密
被黃褐毛茸 (臺北植物園)

▼花序 6 分枝，小花密集腋生，白花冠管狀，
長約 0.4 公分、冠筒 4 深裂，4 雄蕊挺出冠筒
外，線形花絲長約 0.5 公分，另有粉紫花

化石樹

・學名
Clerodendrum calamitosum
・英名
White butterfly bush
・別名
爪哇大青、白蝶大青

・原產地
印尼爪哇

▲單葉對生，
葉背色較淺

▲緣粗鋸齒，葉長約 6~10 公分、寬 4~8 公分，
柄長 1~1.5 公分

▶聚繖花序，枝端腋
生，花軸被軟毛

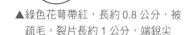

花萼

▲綠色花萼帶紅，長約 0.8 公分，被
疏毛，裂片長約 1 公分，端銳尖

◀白花，冠徑約 2 公分，冠筒細長，
長約 2.5 公分，被毛，5 花瓣，平展，
裂片狹倒卵形；4 雄蕊著生花筒管
上，長長地伸出花冠外

▼果實球形，徑約 1 公分

▼常綠或半落葉灌木，株高可達 1.5 公尺

·原產地
中國至東南亞

·學名
Clerodendrum chinense
·英名
Fragrant glorybower
·別名
山茉莉

臭茉莉

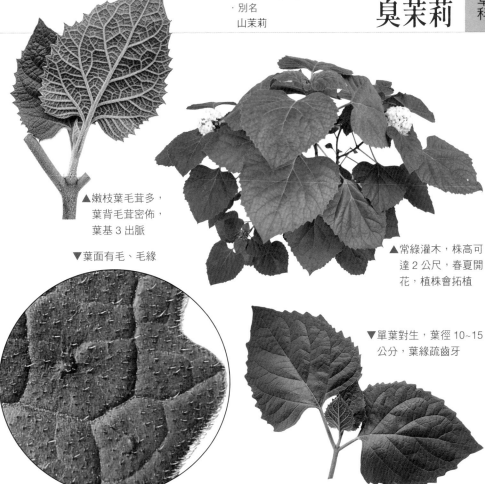

▲嫩枝葉毛茸多，
葉背毛茸密佈，
葉基 3 出脈

▼葉面有毛、毛緣

▲常綠灌木，株高可
達 2 公尺，春夏開
花，植株會拓植

▼單葉對生，葉徑 10~15
公分，葉緣疏齒牙

▼花朵陸續綻放中，頭狀聚繖花序、頂生

▼花重瓣，徑約 1~2 公分，花朵類似重瓣茉莉，
故名之

· 學名
Clerodendrum cyrtophyllum
· 英名
May flower glorbower

· 原產地
中國、東南亞

大青

▶葉長 12~16 公分、
寬 3~6 公分、
柄長 2~5 公分

▶葉披針長橢圓形，全
緣、波狀或疏鋸齒

▼花白色，高盆形，長約 1.6 公分，5 裂；
4 雄蕊頗長，伸出花冠外

▼花期夏天，聚繖花序雙叉狀分歧成繖房狀，
花序鬆散，頂生

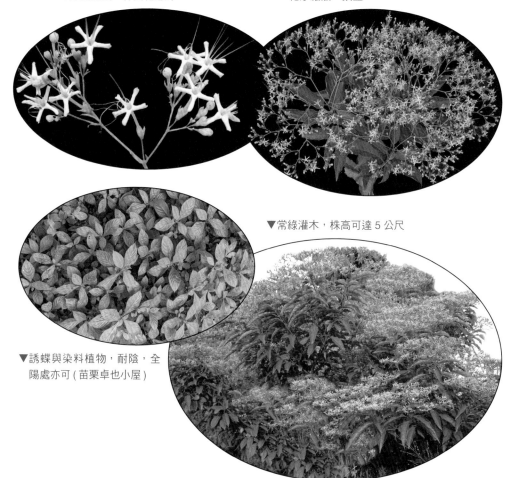

▼常綠灌木，株高可達 5 公尺

▼誘蝶與染料植物，耐陰，全
陽處亦可 (苗栗卓也小屋)

· 臺灣原生種　　· 學名
Clerodendrum inerme
· 英名
Sea-side clerodendron

苦林盤

◀綠果、熟轉藍黑色，長約
1.2 公分、徑約 0.8 公分，
基部有肥大宿萼 (科博館)

▶聚繖花序，常 3 朵
花一單元，花冠長
約 2~3 公分

▼葉長約 6 公分、寬 2~3 公分、柄
長約 1 公分，葉色兩面差異不多，
葉背色稍淺

▶偶見 3 葉輪生

葉面　　　　　葉背

▼常綠攀援灌木
(科博館)

◀單葉對生，
枝條較長

商陸科

數珠珊瑚

· 學名
　Rivina humilis
· 英名
　Pigeonberry
· 別名
　珊瑚珠

· 原產地
　熱帶美洲、西印度

　紅果與小白花串經常出現，紅果鳥喜食。耐旱，蔭地或全日照均可，種子具自播性，低養護。

▼葉波狀緣，長6~10公分、寬3~4公分

▲花序長 6~10 公分，小花徑 0.3 公分

▲白花紅果

▲漿果紅豔，徑約 0.4 公分

▲無論何時都可見白花與紅果

▶常綠亞灌木，株高可達 1 公尺(臺中市藝術街)

· 別名
　大葉紅草、紅葉千日紅
· 園藝栽培種

· 學名
　Alternanthera dentata 'Ruliginosa'
· 英名
　Ruby leaf

紅龍草

▲兩性花，頭狀花序球狀 (臺中秋紅谷)

▶花序徑約 1.5~2 公分，2~3
並生；小苞片膜質宿存，5
花被披針形，均為白色

▼多年生草本，株高可達 1 公尺，白花、紫紅葉，
常須修剪更新 (臺中花博外埔園區)

▲葉銅紅綠色，葉長 5~10
公分、寬 2~5 公分、柄
長約 1 公分

▼士林官邸

▶單葉對生，全緣，
紙質，葉面皺摺、脈紋明顯，
紫紅色，葉柄長約 1 公分

▶錦葉紅龍草 *Alternanthera brasiliana*
'Brazilian Red Hot' 的葉色較豐富

▼葉長 6~8 公分、寬 2~5 公分，
葉基漸狹於柄形成狹翼

· 學名
Plumbago auriculata
'Escapade White'

白雪花

· 園藝栽培種

◀穗狀花序頂生，長可達 25 公分；
花萼管狀，長約 1 公分，密被長腺
毛，具黏性腺體

▼花期 10 月到翌年 4 月

▲花徑約 2 公分，花
瓣較寬，瓣端圓

· 學名
Plumbago zeylanica

烏面馬

· 英名
Ceylon leadwort

· 原產地
印度、斯里蘭卡

◀花冠高腳碟狀，花瓣較狹長，
瓣端有突尖

▶常綠蔓灌，枝長軟垂

· 原產地
南非洲

· 學名
Crassula argentea

· 英名
Jade tree, Baby jade

· 別名
發財樹

翡翠木

▲枝葉肥厚、光滑無毛茸，耐乾旱，單葉對生，橢圓至卵形，長約 6 公分、寬約 3 公分、短柄或無

▲總狀花序頂生，花軸紅褐色，5 花瓣、5 雄蕊

◀肉質常綠灌木，戶外陽光充足處，株高可達 1 公尺

▼三色發財樹
又名三色花月錦 *Crassula ovata* 'Tricolor'

▲戶外全日照環境，花朵大大綻放，花期冬末至翌春

· 學名
Deutzia pulchra
· 臺灣原生種

▼單葉對生，長 5~12 公分、寬
3~5 公分、柄長 0.5~1 公分

大葉溲疏

分布全島低至中高
海拔 2500 公尺。

▼全緣或疏淺鋸齒，革質葉，葉面暗綠，
有星狀鱗屑、粗糙

葉面

▲葉背淡灰綠，粗糙具鱗屑，
羽側脈 6~10 條

▼落葉灌木或小喬木，株高
可達 5 公尺，全株
被星狀毛茸

▶ 雄蕊外圍一圈具翅翼的白色花絲

▲圓錐花序，長可達 20 公分，花苞橢圓形，
長 0.5 公分、灰綠色，花可誘蝶

▲白花，花長約 1 公分，
10~12 雄蕊、長短各半

溲疏草莓田

Deutzia × *hybrida* 'Strawberry Field'

▲又名夏櫻花，
花徑 2.5 公分

▶落葉灌木，株高可達 2 公尺，3~5 月開花，花形如櫻花，
花瓣表面白色帶粉紅、背面白色

· 學名
Eupatorium hualienense
· 臺灣原生種

花蓮澤蘭

▶單葉對生，厚革質，廣卵形，
葉長 6~9 公分、寬 5~6 公分、
柄長 1~1.5 公分，緣疏淺鋸齒

◀嫩枝葉被毛、葉背佈腺體

▼老枝紫褐色

▲頭狀花序，白、略帶粉色

▼亞灌木，株高可達 1 公尺
（田尾豐田園藝）

· 學名
  Brunfelsia americana
· 英名
  Lady of the night
· 原產地
  南美

夜香茉莉

▶ 單葉互生

▼ 葉背色淺，羽脈明顯

▶ 葉長 5~10 公分

▶ 花冠漏斗形，
具細長冠筒

▼ 花蕾圓球狀

▼ 常綠灌木，株
高可達 2 公尺

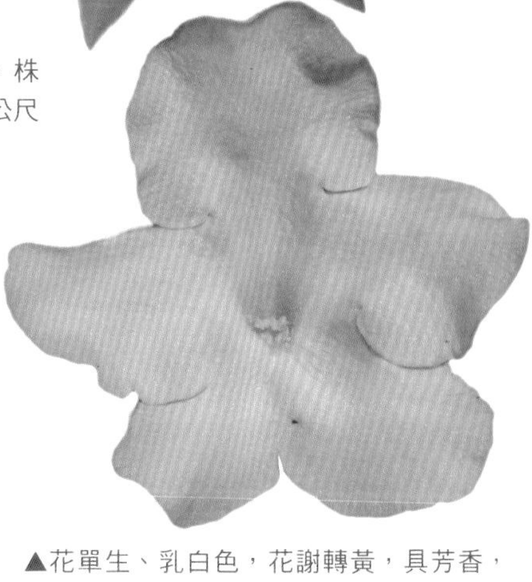

▲ 花單生、乳白色，花謝轉黃，具芳香，
花期 3~5 月

爵牀科

斑葉小花老鼠簕

· 學名
Acanthus ebracteatus 'Variegata'
· 英名
Holly mangrove
· 原產地
中國、印度、印尼

適合濱海，耐含鹽土壤、鹽霧以及河海交會處。

◀穗狀花序頂生；苞片寬卵形，長不及 1 公分，花萼 4 裂片，長約 1 公分，白花，花冠長約 2.5 公分

▲直立灌木，株高可達 1.5 公尺；葉長 8~12 公分、柄長 1~4 公分，葉緣有 3~5 不規則羽狀淺裂，羽側脈 3~5 對，葉端有突出尖硬刺，托葉刺狀 (菁芳園)

小花寬葉馬偕花

· 學名
Asystasia gangetica
· 別名
小花十萬錯　　　　　· 臺灣歸化種

已發佈為本島新歸化植物。

▶葉橢圓形，葉基多變化，全緣，葉長 5~12 公分、寬 2~5 公分，葉兩面稀疏被短毛，葉面鐘乳體點狀

◀總狀花序頂生

▶花冠長約 1.2 公分，上唇 2 裂；花萼長 0.7 公分，5 深裂，僅基部結合，裂片披針線形，被腺毛

· 學名
Hemigraphis repanda
· 原產地
馬來西亞

易生木

▲新葉紅色，為觀賞特色

◀單葉對生，葉長 8~12
公分、寬 1~2 公分，
無柄

▼花序上的小花密集，腋生於小苞片內，花萼筒形、
淡綠色，密被毛，5 深裂，端尖

▲葉狹披針形，端銳
尖，新葉紅色

▲花冠喇叭管狀，兩側對稱，
筒長約 3 公分，徑約 2 公分，
白花帶粉紅

◀常綠灌木，株高可達
1.5 公尺，枝葉茂密

唇形科

玉蝶花

·學名
Clerodendrum smitinandii
·英名
Chains of glory
·原產地
泰國、馬來西亞

▶ 單葉對生,波浪緣,
葉長約 10 公分、寬
2 公分,葉面隨葉
脈凹凸不平

▶ 葉背明顯可見
葉基 3 出脈

▲ 紫褐色枝條與葉柄具稜

▶ 菁芳園

▼ 花徑約 5 公分,除花瓣、花蕊白色,其他均為紫紅色
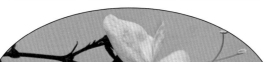

▼ 冬季開花,常綠灌木,
株高可達 2 公尺

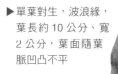

◀ 圓錐花序下垂,長可達
60 公分,花軸紫紅色

▲ 雌、雄蕊伸出花瓣外,
花形似蝴蝶,故名之

·原產地
泛熱帶地區濕地

·學名
Clinopodium brownei

·英名
Browne's savory, Mint charlie

·別名
伏生風輪菜

唇形科

心葉水薄荷

◀枝略具稜，
單葉對生

▲葉寬卵圓心形，葉緣疏鋸齒，
葉背腺點明顯，具短柄，葉長
約 2 公分

◀數朵腋生，具苞片，花萼合生管杯狀；白花，喉
部有紫色斑，花具香氣，花冠二唇形，左右對稱，
花徑約 1 公分，花梗長

◀春夏開花，多年生草本，株
高約 30 公分，喜溼地

百合科

鈴蘭

· 學名
Convallaria majalis
· 英名
Lily of the valley
· 原產地
北半球溫帶、中國

▲ 每枝地下芽，發出 2~3 片葉，葉基互
抱成鞘狀，葉卵圓形，具弧形平行脈

▲ 總狀花序，偏向一側懸垂，高約 20
公分，夏季綻放鐘鈴形白花，小花
約 10 朵，花徑約 1 公分，具芳香

▶ 多年生草本，株高約 30 公分，地下具橫生、
有分枝的根狀莖，莖端具肥大的地下芽

· 臺灣原生種

· 學名
Lilium formosanum
· 英名
Taiwan lily
別名
高砂百合

臺灣百合

▶花朵綻放時轉斜上，花冠長約
10~18 公分、徑約 6 公分
(陳佳興拍攝)

▲花苞垂直向下，隨花朵綻放而漸向上轉

▼多年生球根花卉，具鱗莖，株高可達 1 公尺，
分布從平地至海拔 3000 公尺

▶平地 4 月開花，白花，
外花被之中肋具紫褐色
條紋

鐵砲百合與臺灣百合

項目	臺灣百合	鐵炮百合
單枝花數	2 或數朵	較多
花色	白花、外花被有酒紅色條紋	純白
葉	較細且狹長	較寬短
環境	環境適應力強，較耐低溫	不耐低溫，較適合平地

鐵炮百合

· 學名
Lilium longiflorum
· 英名
Longflower lily, Easter lily
· 別名
糙莖麝香百合

· 臺灣原生種

▼葉片密簇

▲葉長約 15 公分、寬約 1 公分

◀花純白

◀花冠喇叭狀，
　徑約 10 公分

▼ 12 月休眠結束，冒出新葉

▶圓柱形直立蒴
　果，長約 6 公
　分，熟時縱裂

▼平地，4 月初至 5 月上旬開花，花謝後地上部消失。
　多年生球根花卉，具地下鱗莖，株高可達 1 公尺
　(臺中市國際街)

・學名
Hosta plantaginea
・英名
Fragrant plantain lily
・原產地
中國

玉簪

▲總狀花序、包括總花梗長可達 75 公分；具葉狀苞片，花單生或 2~3 朵簇生，花漏斗狀，花朵易下垂

▲花具香氣，不同海拔高度的開花時間不同，冬至翌春開花，花徑 2~4 公分，花長 7~10 公分，晚上開始綻放

▲多年生草本，株高約 60 公分，具粗短根狀莖、走莖，植株會拓殖。性喜冷涼，適合全日照，亦耐蔭

◀葉叢中伸出花莖，總狀花序頂生，盛花期初夏

▼ *Hosta* 'Carolyn's Gold' 黃金玉簪，
　白花、金黃葉，淺紫花 (菁芳園)

◀ *Hosta* 'Silk Road'
　絲綢之路，淺紫花

▲ 綠緣中斑，葉較扭曲、尖尾

◀ 綠緣中斑，葉平展、闊卵形

▼淺紫花、金黃葉

▲淺紫花，葉緣綠、中斑，
　與綠葉混植

·原產地　　·學名
南非　　　　*Ornithogalum saundersiae*
　　　　　·英名
　　　　　Giant chincherinchee
　　　　　·別名
　　　　　聖星百合、大花天鵝絨

南非伯利恆之星

▼頂生繖房花序，6 花瓣，花梗有爪狀綠色
　苞片包覆花蕾

▲花期春末至初夏，花徑約 3 公分，6 白色花被

▶ 6 雄蕊、1 雌蕊，球形黑色子房，
　6 扁平、基部擴大花絲，故名伯利
　恆之星

◀宿根球根草本，冬季低
　溫休眠，地下有鱗莖，
　株高約 30 公分，花莖
　高達 1 公尺；葉長約
　50 公分、寬 3~4 公分
　(臺中花博外埔園區)

亞馬遜百合

· 學名　　　　　　　　　· 園藝栽培種
Eucharis × *grandiflora*
· 英名
Amazon lily, Euciarist lily
· 別名
南美水仙

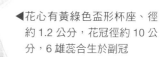

▲繖形花序有 3~6 朵花，夏末開花，白花具香氣
（新社薰衣草森林）

▶薄肉質葉，長約30~45公分、寬約15~18公分，
縱走脈紋明顯，每個鱗莖有 4~5 片葉

◀花心有黃綠色盃形杯座、徑
約 1.2 公分，花冠徑約 10 公
分，6 雄蕊合生於副冠

◀花蕾於綠色苞片內

▲母球周邊每年春季會萌發幼株
（新社薰衣草森林）

◀多年生常綠球根賞花植物，株高約 50 公分

·原產地
　東南亞、澳洲北部

·學名
　Proiphys amboinensis

·別名
　水晶百合

石蒜科

假玉簪

▲性喜高溫多濕，耐陰，不耐強日照。多年生草本，
株高約 50 公分，地下部具鱗莖，單葉於根際簇生。
放射狀排列的繖形花序，群花高出葉群，自地際帶
柄可長達 50 公分，花朵上揚

▲葉基心形至耳形

▼小花具明顯之細長管，6 雄蕊，
花徑約 5 公分，常開花

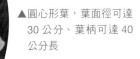

▲圓心形葉，葉面徑可達
30 公分、葉柄可達 40
公分長

鳶尾科

日本鳶尾

· 學名
Iris japonica
· 英名
White fringed iris
· 別名
白花射干、白蝴蝶花

· 原產地
中國、日本

▲花被裂片邊緣有淺齒裂，花綻放時，外花被上部反折，花徑 5~7 公分，白花帶藍暈與黃斑

▼總狀花序，綠色葉狀苞片，長約 2 公分

▲春至初夏開花，6 花被

▶葉長 25~60 公分、寬 2~3 公分，葉背微白霜

◀宿根性草本，具厚實匍匐根莖，株高約 40 公分 (明池)

多色花

薔薇科

雜交薔薇

· 學名　　　　　· 園藝栽培種
Rosa × hybrida
· 英名
Rose
· 別名
薔薇、雜交玫瑰

托葉

葉面

▲托葉與柄基合生，
葉緣鋸齒

葉背

▲小葉長 2~8 公分、寬
1~4 公分、柄長 0.2~1
公分，羽葉中軸與小
葉柄有刺

▲一回奇數羽狀複葉，小葉 3~5，大葉互生，
小葉對生

▼會結紅果的單
瓣品種

▶枝條有刺

▼常綠灌木，株高依品種而異，迷你品
種株高僅十數公分，或
高至 2 公尺

田尾美加美玫瑰園

▲伊芙芳香花園

▲伊芙芳香情迷

▲耳語

▲艾菲

▲▶紅色直覺

▲即時行樂

田尾美加美玫瑰園

▲琥珀熱情

▲愛與和平

▲藍河

◀▲新聞快報

▲葵

▲迷你玫瑰　花小型，初開黃色，
　漸轉粉紅色

▲櫻桃派、摩洛哥公爵

大肚山薔薇

·學名
Rosa kwangtungensis
·別名
廣東薔薇
·臺灣原生種

原產地為臺中大肚山。

▼花5瓣，中央的雌蕊柱形有毛、
淺黃色，與雄蕊等長或稍長

▶花序有小花10多朵，
徑約3~4公分，白花、
黃色雄蕊數多

▼花期3~5月

▲一回奇數羽狀複葉，
小葉5~7

▲花萼筒被腺毛

◀常綠蔓灌，小枝具短
柔毛與倒刺(臺中都
會公園)

·原產地
　日本、韓國

·學名
　Hydrangea macrophylla
·英名
　Garden hydrangea
·別名
　紫陽花、繡球花

洋繡球

八仙花科

目前常見多為園藝栽培種。

▼單葉對生，粗鋸齒緣，葉
　長 12~20 公分、寬約 10
　公分、柄長約 2 公分

▲偶爾於花心出現 4~5
　小形花瓣，雄蕊 10 枚以內，
　雌蕊退化，花柱 2~3

▼常綠灌木，株高多約 1 公尺，花色多變
　化，依品種而異，耐蔭 (大安森林公園)

▼耐蔭，適合朝北窗臺

▶花期晚春至夏季，每一花序有
　數十至上百朵小花，密集成一大花球

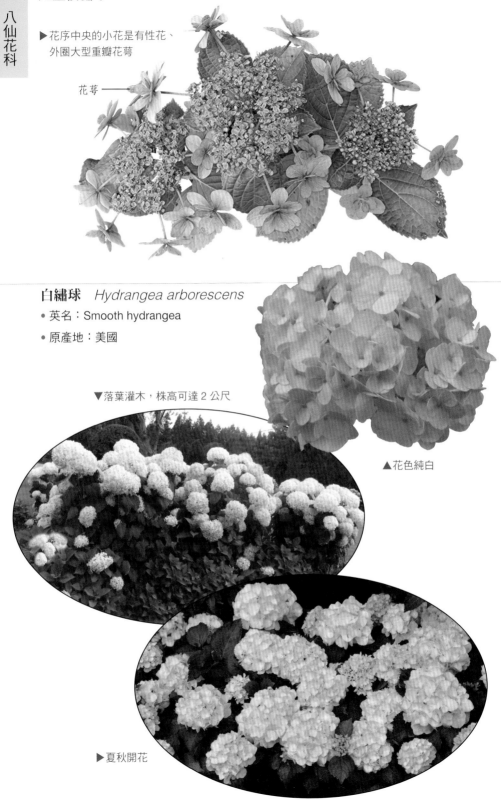

八仙花科

九重櫻繡球

▶花序中央的小花是有性花、
外圈大型重瓣花萼

花萼──

白繡球　*Hydrangea arborescens*

- 英名：Smooth hydrangea
- 原產地：美國

▼落葉灌木，株高可達 2 公尺

▲花色純白

▶夏秋開花

Hydrangea macrophylla 'Fairy eye' 妖精之瞳

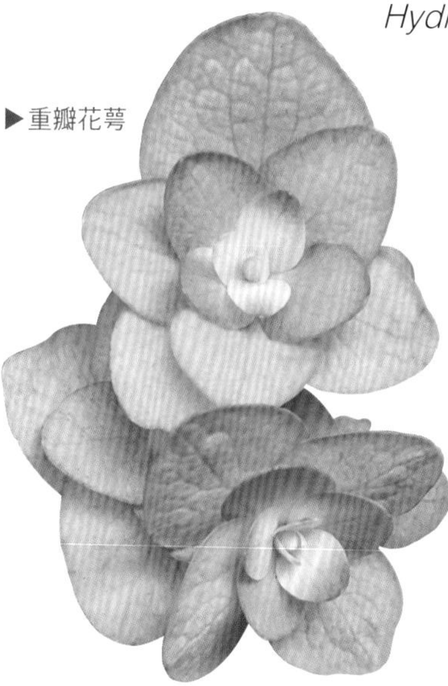

▶重瓣花萼

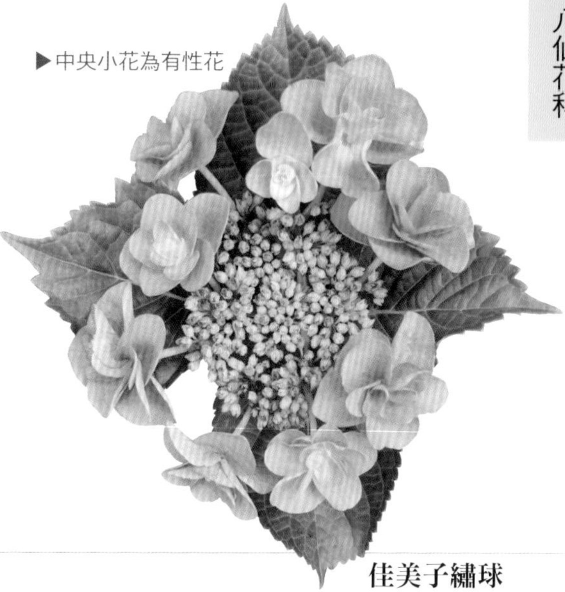

▶中央小花為有性花

佳美子繡球

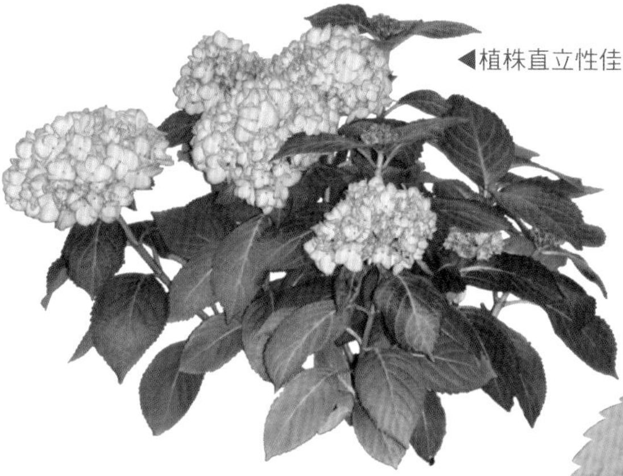

◀植株直立性佳

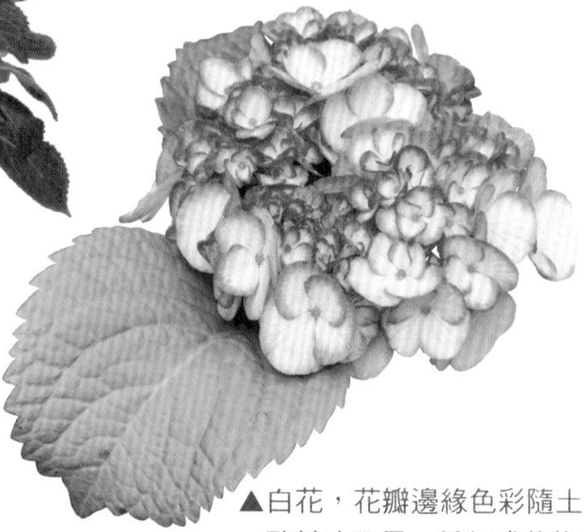

▲白花，花瓣邊緣色彩隨土壤酸鹼度而異，粉紅或藍紫

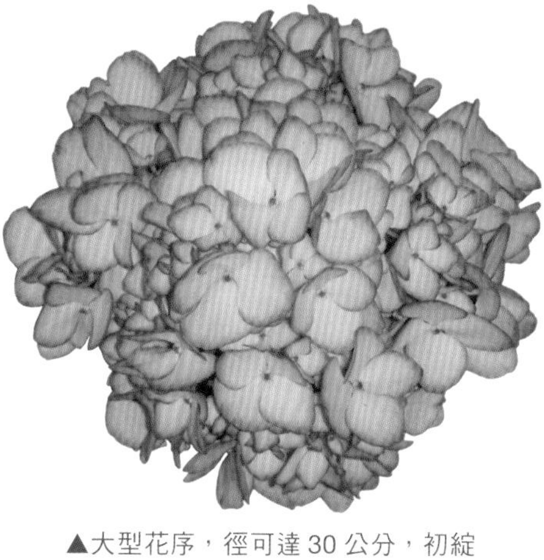

▲大型花序，徑可達 30 公分，初綻放之花瓣紅邊豔麗，之後漸轉淡紅

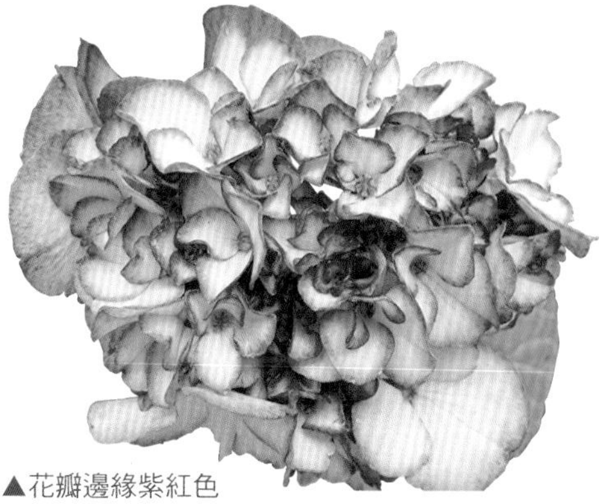

▲花瓣邊緣紫紅色

· 學名
Mirabilis jalapa
· 英名
Four o'clock flower
· 別名
煮飯花

· 原產地
熱帶美洲

紫茉莉

▼枝對生

葉面　　　　葉背

▲葉卵三角形，紙質，葉長 5~8 公分、寬約 4 公分、柄長 1~2 公分

◀紫紅花較易結果實，每日午后、黃昏之際開花，翌日清晨萎謝

▼單葉對生

◀花被漏斗形，冠徑 2.5~3 公分，5 裂

▼常綠多年生宿根性草本植物，株高約 1 公尺

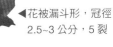

▼紫紅花較常見，花期 4~11 月

▼果實成熟黑色，卵球形，徑約 0.8 公分，有稜

白花品種

黃花品種

▼黃花有紫紅斑品種

扶桑

- ·學名
  Hibiscus rosa-sinensis
- ·英名
  Chinese hibiscus, Rose-of-China
- ·別名
  朱槿
- ·原產地
  中國

葉面

▶ 葉紙質，葉 2 面色差異不大。葉長 5~10 公分、寬 3~5 公分、柄長約 5 公分。枝節有線形托葉、早落

托葉　葉背

▼ 單葉互生，有的 品種葉緣粗鋸齒

▼ 大滿紅旗品種

2 層花萼

▼ 常綠灌木，株高可達 2 公尺，分枝多， 枝葉繁茂 (成美文化園)

托葉 2

▲ 花萼 2 層，內側較長的鐘形花萼， 5 裂，裂片披針形，外被星狀毛； 6~8 線形副花萼、位於外圍

▲同一枝條不同葉形

▲卵形、葉緣粗鋸齒

◀菱形

▲圓形

▲闊卵形

扶桑

▼粉花

▼紅粉花

▼紅花

錦葵科

木槿

· 學名
Hibiscus syriacus
· 英名
Shrub althaea, Rose of sharon
· 原產地
中國

葉背

◀單葉互生，卵菱葉，長 6~10 公分、寬約 3 公分，3 淺裂或不裂；下半部全緣、上部粗鋸齒，葉基 3 出脈；花單生於葉腋

葉面

▶落葉灌木，株高可達 3 公尺

▶夏秋開花，花徑 6~10 公分 (臺中藝術街)

▲單瓣白花

▲單瓣粉花、暗紅心

▲單瓣粉紅花、心暗紅

▲單瓣桃紅花、心暗紅

▲微重瓣

▲中央花蕊瓣化

▲半重瓣粉紅花

▲重瓣

麒麟花

園藝栽培種

▲淺黃

▲粉黃

黃、粉緣

▲葉長超過 10 公分

▲黃、粉緣

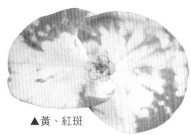

▲黃、紅斑

粉白

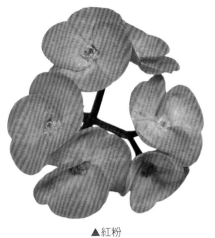

▲紅粉

▲粉白、斑紅

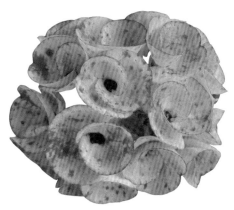

▲粉、紅斑

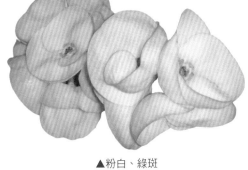

▲粉白、綠斑

重瓣白

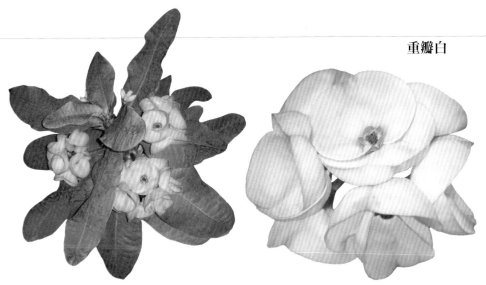

▲花徑至少 3 公分，葉長至少 10 公分，葉片較扭曲

花中花

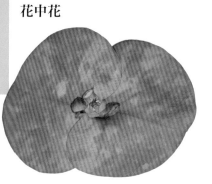

▲小花蕾剛鑽出

▼小花蕾伸長

▲小花蕾的花苞展開

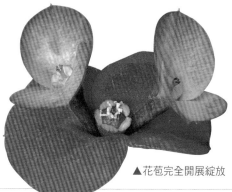

▲花苞完全開展綻放

小葉小花，匍匐生長

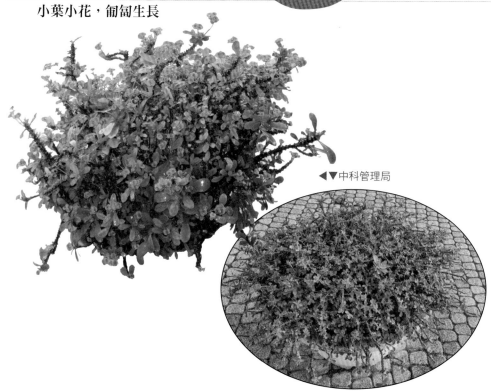

◀▼中科管理局

▶枝條光滑無刺，倒披針形葉，枝條與葉柄紅色，紅色小花

▼紅色苞片，成對苞片中心的黃花，組成大戟花序，單葉互生

Euphorbia geroldii (Thornless euphorbia)

▼常綠灌木，株高多不及 1 公尺，枝無刺，耐乾旱

葉背　　葉面

◀葉面深綠色、光滑富光澤，緣波浪，葉背淺綠

◀全日照環境終年開花不斷，因下枝無芽點，修剪需特別注意 (臺中福興公園)

無刺麒麟花

天王、天后、天皇品種
中興大學園藝系花卉創新育種研究室 (2022 臺灣花卉品種推介會，南港展覽館)

▼粉黃苞

▼枝粗肥肉質、僅疏
生短小細軟刺

▼紅苞

▲天王、天后、天皇品種，天王花徑
4~5 公分，花色有紅、粉紅、黃

◀◀紅粉黃苞

· 學名
Euphorbia pulcherrima
· 英名
Poinsettia
· 原產地
中美洲、墨西哥

聖誕紅

▲單葉互生，全緣或波狀大缺刻，
葉長 10~20 公分、寬 5~8 公分、
柄長約 5 公分

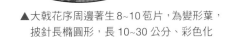

▲大戟花序周邊著生 8~10 苞片，為變形葉，
披針長橢圓形，長 10~30 公分、彩色化

◀每個苞片基部著生 1~2 個大戟花序，
每花序著生 1 黃色球形之蜜槽

▶大灌木，株高可達 3
公尺；短日照植物，進
入冬季，白日較短利於開花，
此為重瓣種

園藝栽培種

▼桃莉聖誕紅
Euphorbia cv. Dulce Rosa

▼天鵝絨：苞片色彩如艷紅絲絨

▼火燄之星

▼冰火：紅色苞片之中肋，
有不規則淺粉塊斑

▼成功

彼得之星

▲銀鈴

▲深紅苞

▲銀鈴：粉苞、黃緣

▲黃苞

▲雙層

▲旺得福：艷紅苞

▲威望：玫瑰紅苞

▲秋紅

▲紅寶石：紅苞片如灑上金粉，苞片上的黃色
斑點、斑塊多變化，每一花苞呈現不同色彩

▲倍利-紅：小品型，紅色苞片具尖角缺刻

▲草莓鮮奶油：苞片較窄短，深
粉紅嵌鑲不規則之黃白斑紋

▼裂苞

▼達文西：苞片淡橙粉黃之鮭魚色，
　散佈細斑點

▼精華：苞葉平整、紅粉苞

▲檸檬雪：苞片檸檬黃色

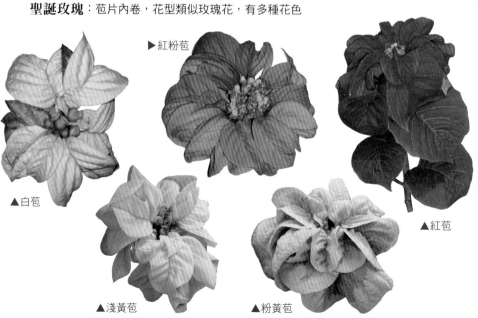

聖誕玫瑰：苞片內卷，花型類似玫瑰花，有多種花色

▶紅粉苞

▲白苞

▲紅苞

▲淺黃苞

▲粉黃苞

· 學名
Camellia japonica
· 英名
Camellia
· 原產地
中國、日本

山茶

▼單葉互生，葉長 5~12 公分、
寬 3~6 公分、柄長不及 1 公分

▲紅色新葉

▼11 月 ~ 翌年 3 月開花

▼果實少見，園藝品種
多不結果

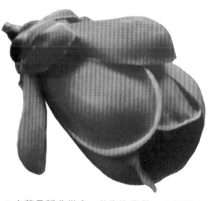

▲山茶品種非常多，此為海棠茶，又名越南
抱莖茶，*Camellia amplexicaulis*，花蕾
下垂，外型如紅色松果

▲常綠大灌木至小喬木，株高可達 3 公尺

山茶

茶科

茶梅

· 學名
Camellia sasanqua
· 英名
Sasanqua camellia
· 原產地
中國、日本

▼喜半陰環境，明亮之散射光照處，植株表現佳，且會開花

▲單葉互生，葉長約 5 公分、寬約 2 公分、柄長約 0.6 公分、被粗毛，葉緣細鋸齒，嫩枝被毛，較山茶的葉片小

▶常綠灌木，株高不及 2 公尺

▼ 10~12 月開花，較山茶早 (臺北花博公園)

茶梅與山茶

項目	茶梅	山茶
生長習性	灌木，植株較矮小，株高多 2 公尺以下	灌木或小喬木，株高 3 公尺
被毛與否	嫩枝、葉脈與葉柄均具短茸毛	枝葉光滑無毛
枝葉密度	較開展而顯稀疏	茂密
葉片大小 (公分)	葉長 2~5、寬 1.5~2.5	葉長 5~12、寬 3~6
花位置與花萼	花朵多突出於葉叢外，花萼早落	花朵可能藏於葉叢中，花萼宿存於果實
花期	較山茶早，秋至冬季 (10~12 月)	冬至春季 (11~ 翌 3 月)
花冠徑 (公分)	花朵較小，3~7	花朵碩大，5~13
花瓣	多單瓣或半重瓣	重瓣較多
花色	白、粉或紅色	較多
花絲	分離	基部合生
花謝	花瓣個別散落	整朵掉落

杜鵑

· 學名
Rhododendron spp.
· 英名
Azalea, Rhododendron

金毛杜鵑
Rhododendron oldhamii
臺灣原生種

▲單葉互生，葉長4~8公分、
　寬1.5~4公分、短柄

▲花冠長 4~5 公分、
　徑約 4 公分

▶小枝與葉密被腺狀
　金褐色長毛茸

杜鵑花科

◀單葉叢生枝端，葉面綠色、散生紅褐色毛茸

▲花徑 2.5~3.5 公分，有粉紅斑點，花色多，淡紅、粉紅或紫紅

◀花期 3~6 月，花萼被紅褐色粗毛

臺灣原生種　*Rhododendron kanehirae*　烏來杜鵑

▲葉長約 3 公分、寬 1~1.5 公分、柄長約 1 公分，葉背被灰或紅褐色刺毛

◀漏斗形花冠 5 裂，花粉紫、上裂片有紅色斑點，花冠徑 3~4 公分，花期 3 月下旬至 4 月上旬

▼原產臺灣新北市北勢溪沿岸石壁的常綠灌木

▼單葉互生，嫩枝葉被深褐色毛，葉長 3~4.5 公分、寬 0.5~1 公分

細葉杜鵑 *Rhododendron noriakianum* **臺灣原生種**

◀葉長不及 2 公分、寬不及 0.6 公分，葉面
散生粗毛，花徑 3 公分，雄蕊 7~10

▶臺灣原生種
杜鵑葉片最小
者，分布於海拔
2000 公尺以上，株高可
達 4 公尺

黃花著生杜鵑 *Rhododendron kawakamii* **臺灣原生種**
分布於海拔 1400~2600 公尺，多著生於喬木樹幹上，故名之。

▲唯一開黃花、非生長於地面土壤的原生種杜鵑
（杉林溪）

Rhododendron × *obtusum*　**久留米杜鵑**

• 英名：Kurume azalea, Azalea Kurume

• 別名：細葉杜鵑花、小葉杜鵑

• 園藝栽培種

▼單葉互生、近革質，葉長 2~3 公分、寬 1~2 公分

▼嫩枝葉密被毛茸

◄花序有小花多朵，花冠徑 2.5 公分，10 雄蕊，伸出花冠外，花梗極短被毛

▶株高約 1 公尺，春開花，花色紅至粉紅，園藝品種花色多 (臺中市東海街)

◄又名小葉杜鵑，小葉、花大朵，色彩鮮艷，盛花期觀賞性強

▶臺灣大學

豔紫杜鵑／平戶杜鵑

▲花徑 6~10 公分，
　花粉紫色

▶株高可達 3 公尺
　(臺灣大學)

Rhododendron 'Belgian Hybrids'　**西洋杜鵑**

●英名：Belgian azalea

●別名：玫瑰杜鵑、比利時杜鵑

杜鵑花科

目前多是歐美育種家培育的品種，花色除了白，就是紅色系列，花 5 單瓣或重瓣，化徑約 5 公分。

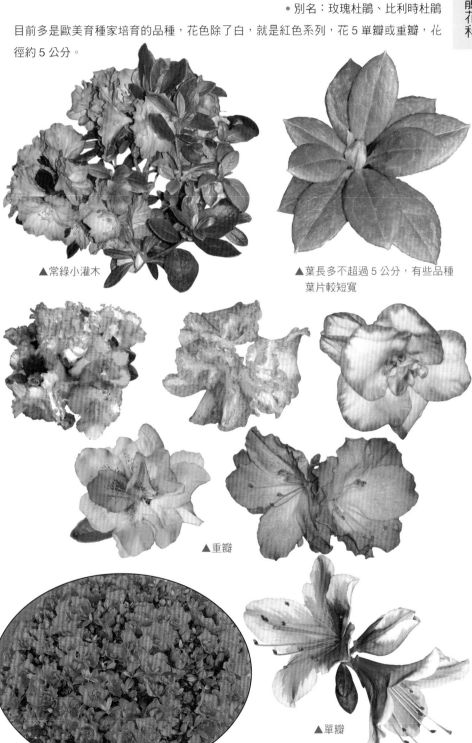

▲常綠小灌木

▲葉長多不超過 5 公分，有些品種葉片較短寬

▲重瓣

▲單瓣

▲冬至翌春開花，花期頗長

洋石楠 *Rhododendron* × *hybridum*

- 別名：石楠杜鵑
- 園藝栽培種

常綠灌木，株高近 1 公尺，花色白、紅、粉紅、桃紅等

◀單葉，厚革質，簇生枝端，枝梢的花芽為鱗芽，層層密覆鱗片

▲葉緣反捲

◀斑葉洋石楠

◀頂生繖形花序

▲花序徑可達 30 公分

▶花可綻放 1 個月

▼花期春夏，花徑 2.5~3.5 公分，雄蕊數可能超過 10，此為斑葉品種

▲喜冷涼濕潤的半陰環境，不耐酷熱與烈日

▲白花

▼斑點、斑條鑲嵌品
　種，每一朵花色都
　不同

▲花徑 3~5 公分，5 雄蕊，花蕊直出，
　花瓣平出、瓣端圓形為主要特徵

▶單葉互生，狹披針至倒披針形，葉長 1.5~3.5 公分、
　寬約 0.5 公分，嫩枝與葉佈紅褐色剛毛

▲灌木，株高多 2 公尺以下，枝葉細密

▶原產日本，園藝栽培種目前約有 2 千多種，
　4~6 月開花

著生杜鵑　*Rhododendron vireya*

- 英名：Vireya, Tropical rhododendron
- 園藝栽培種

　只要氣候適宜，植株成熟後，花朵開始綻放，常整年開花。氣候適應強，耐寒、亦耐熱。

▲粉、鵝黃、白

▼粉、淺黃

▲黃花

▼黃花花蕾（南元農場）

▶紅花

▼白花

▲黃橙花

● 原產地：中國

▶枝葉有刺毛，葉紙質，長5~9公分、寬1.5~3.5公分、
　柄長不及1公分

▲花外表面疏生鱗片，密被短柔毛

▶花冠寬漏斗型，略呈兩側對稱，
　徑2.5公分、長2~2.5公分

◀花期3~4月，常綠或半落葉灌
　木，株高可達2公尺，喜冷涼

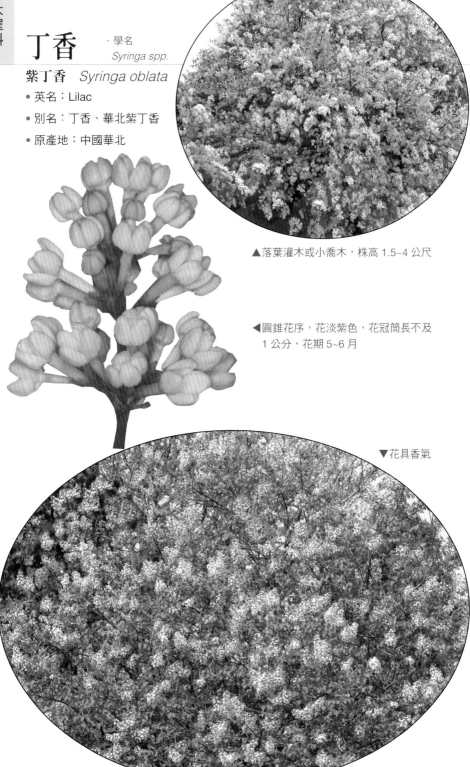

木犀科

丁香
· 學名
Syringa spp.

紫丁香 *Syringa oblata*

- 英名：Lilac
- 別名：丁香、華北紫丁香
- 原產地：中國華北

▲落葉灌木或小喬木，株高 1.5~4 公尺

◀圓錐花序，花淡紫色，花冠筒長不及 1 公分，花期 5~6 月

▼花具香氣

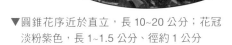

Syringa vulgaris 歐丁香

• 英名：Lilac

• 別名：洋丁香、歐洲丁香

• 原產地：束南歐

◀葉卵形，長 8~12 公分、寬 4~8 公分、柄長約 2 公分

▼大灌木至小喬木，株高 3~7 公尺，4~5 月開花，花具香氣

▼圓錐花序近於直立，長 10~20 公分；花冠淡粉紫色，長 1~1.5 公分、徑約 1 公分

Syringa oblata var. *alba* 白丁香
園藝栽培種

◀葉基圓或截形，葉長不及 10 公分

▲單葉對生

▼花期 4~5 月，落葉大灌木至小喬木

▲圓錐花序，花冠筒狀

夾竹桃科

迷你日日春 *Catharanthus roseus* 'Fairy Star'

- 英名：Fairy star madagascar periwinkle
- 別名：迷你長春花
- 園藝栽培種

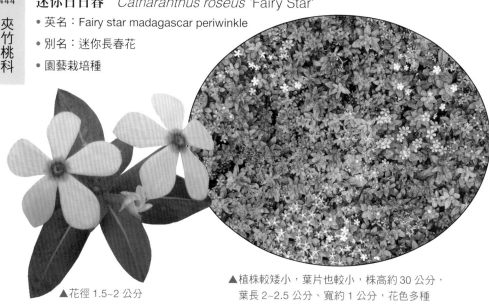

▲花徑 1.5~2 公分

▲植株較矮小，葉片也較小，株高約 30 公分，
葉長 2~2.5 公分、寬約 1 公分，花色多種

垂枝日日春 *Catharanthus roseus* cv. Trailing Type

- 英名：Trailing vinca
- 別名：垂枝長春花、蔓性日日春
- 園藝栽培種

▼紅花 (菁芳園)

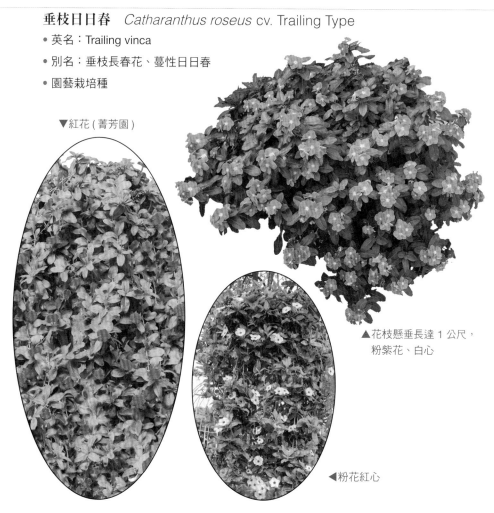

▲花枝懸垂長達 1 公尺，
粉紫花、白心

◀粉花紅心

Nerium oleander 'Alba'　白花夾竹桃

· 學名
　Nerium spp.
· 英名
　Oleander
· 原產地
　亞洲東南、地中海沿岸

夾竹桃

▲單瓣白花

▲常綠小喬木，株高
　可達 5 公尺

◀花期幾乎全年，夏秋盛花

▶大灌木

夾竹桃科

密葉夾竹桃 *Nerium oleander* 'Nanum'

▶淺粉花

▼常綠灌木，株高超過 2 公尺

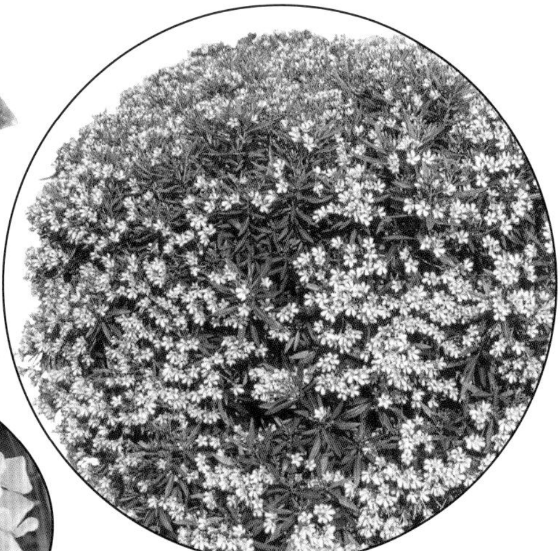

▲花冠鐘形、漏斗狀，徑 3~5 公分，冠筒長 1~2 公分，花冠筒內面被長柔毛，單瓣花，具副花冠

▲聚繖花序排列成繖房狀，頂生 (中科管理局)

▶常綠大灌木 (中科管理局)

▼單葉，多 3 葉輪生，長 12~15 公分、寬約 2 公分，柄長不及 1 公分

▲蓇葖果，長可達 20 公分、徑約 1 公分，表面具細縱條紋。種子頂端具黃褐色毛，長約 1 公分

▶聚繖花序頂生，花期 4~9 月，花徑 3~5 公分

◀重瓣紅粉花 (高雄熱帶植物園)

園藝栽培種

▶單瓣紅花

▲單瓣紅粉花

▲重瓣淺粉花

▲紅花斑葉

· 學名
Ixora spp. 仙丹

◀▼單葉對生，無葉柄，枝節
具環生的抱莖托葉

正面　　　　　　背面

▶ ◀▲托葉

▶多數仙丹屬植物為
常綠賞花灌木

▲枝節具環生的抱莖托葉、帶紅
暈 (大王仙丹)

▼花色豐富

▲單葉對生，無柄，節處
有托葉 1 對 (熊貓仙丹)

大王仙丹 *Ixora duffii* 'Super King'

▼小花徑 3 公分，花瓣端銳尖

▲聚繖花序，呈繖房狀排列，花序徑可達 20
公分，小花長 4 公分

▶花大、葉片較長，
植株也較高大

◀葉長 10~20 公分、
寬 3~6 公分

▲單葉對生，枝節有抱莖托葉

▶ 3~10 月開花，花色豔紅，
花序碩大，株高可達 2 公尺
（大鵬灣）

▼單葉對生、薄革質，葉長 8~12 公分、寬約 5 公分

▼新枝葉偏紅色

▶聚繖花序，徑 6~10 公分，頂生，長筒狀
　花，長 1~1.5 公分，花冠 4 裂，裂
　片圓形略重疊，花徑約 1 公分

▲枝節托葉

▼夏季開花，花色從黃橙漸變為橘紅色

▲常綠大灌木，原產中國，
　株高可達 3 公尺

白仙丹　*Ixora parviflora*

▶繖房之聚繖花序，
　徑可達 20 公分

▲單葉對生，柄長約 1 公分、
　綠或紫褐色，綠色花蕾

▲小花，高盆型，冠筒長
　2.5 公分、徑約 3 公分

▲葉長 10~15 公分、
　寬 3~6 公分

葉背

▶常綠大灌木至小喬木，
　株高可達 3 公尺

洋紅仙丹　*Ixora* 'Nora Grant'

▼常綠灌木，株高可達 1.5 公尺

◀花瓣長橢圓形、瓣端圓鈍，花序徑可達 20 公分，葉片較大

Ixora odorata (Fragrant jungle geranium)　香仙丹花

◀來自馬達加斯加的香花常綠大灌木，株高可達 2 公尺。花初開白色、之後轉黃，小花具細長管，具香氣

▶終年開花，花序徑約 25 公分，每一花序可綻放 1 周，葉長 8~10 公分 (日本花博公園)

Ixora coccinea 'Maui Red'　彩紅仙丹

◀花朵邊緣內捲

▲花冠高腳碟形，徑約 2 公分，花初開黃、橘紅邊，逐漸轉變為全橘色

▼常綠灌木

▼同一花序的小花色彩多變

鑽石仙丹 *Ixora* 'Crimson Star'

▼花期頗長 (傳世御花園)

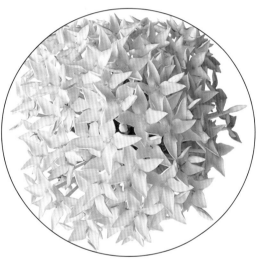

▲葉較小型，似矮仙丹，植株較低矮、
不及 1 公尺 (豐原慈濟公園)

▲花紅色，重瓣花，花序的眾多
小花密集成團球狀

▲黃仙丹　*Ixora lutea*：花序徑可達 20 公分

斑葉仙丹 *Ixora* 'Variegated'

▼白花緣粉，綠葉散佈不規則
黃斑塊

▲花淡粉白，中央紅

◀紅熊貓仙丹：紅花，花序徑可達 15 公分

▼夏秋盛花，花期較長，枝葉較茂密、花序頗大，
　較耐寒、亦耐熱，喜全日照 (南庄)

▼僑園飯店

▼南科

▼成美

矮仙丹 *Ixora williamsii* 'Sunkist'

▲小花端銳尖、徑約 1 公分、長約 2 公分

▲花序徑約 8 公分，花紅橙色

▶單葉對生，葉長約 3 公分、寬 1 公分、無柄

▼夏季為盛花期，常綠小灌木，株高 1 公尺

▼株高 2 公尺，難得一見（菁芳園）

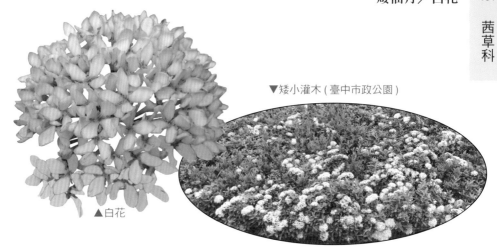

▼矮小灌木 (臺中市政公園)

▲白花

矮仙丹／粉花

▲▶植株低矮、花葉細緻，粉紅花

矮仙丹／黃花

◀嫩花枝與花苞均被毛茸，
花序有十多朵小花、頂生

▲花具長管

◀星形花冠、徑
1~1.5 公分

▲此品種的花色從綻放至凋謝會變色

◀花序徑可長達 10 公分

▶全日照終年開花

園藝栽培種

▼黃花斑葉

▲白花黃心

黃花馬纓丹

▲花期頗長的常綠灌木

▲頭狀花序，徑 3~4 公分，花冠 5 裂，花徑約 0.7 公分，花冠管長約 1 公分

▶臺中市坪林森林公園

▲花心橙紅，花色從黃橙轉紅粉

▲花心橙紅，花色從淺黃轉粉

▼花色從黃轉淺黃至白

▲花心黃，花色從白轉粉紫

▲花色從黃轉紫紅

◀花色從黃轉粉，株高超過 3 公尺
（臺中水崛頭公園）

柳葉菜科

吊鐘花

· 學名
Fuchsia × hybrid
· 英名
Hybrid fuchsia
· 園藝栽培種

▶單葉對生，葉為橢圓或長卵形，葉長 4~7 公分、寬 1~2 公分、柄長 1~1.5 公分，紅花品種的葉柄紅色

◀花單立、腋出，花梗細長下垂，花朵朝下。花瓣呈半開展之旋卷狀，花冠徑 3~10 公分，長約 5~8 公分，5 單瓣或重瓣

▼常綠灌木 (福壽山)

▼冬至春季開花

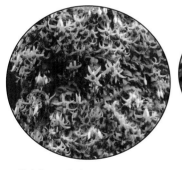

▼株高約 50 公分
(大安森林公園)

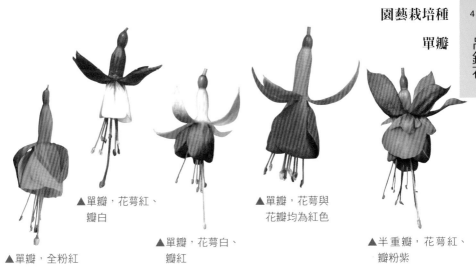

▲單瓣，花萼紅、
　瓣白

▲單瓣，花萼與
　花瓣均為紅色

▲單瓣，全粉紅

▲單瓣，花萼白、
　瓣紅

▲半重瓣，花萼紅、
　瓣粉紫

重瓣

◀重瓣，花萼紅、瓣白

▲重瓣，花萼白、
　花瓣紫

▶重瓣，花萼白、
　花瓣紫紅

▶重瓣，花萼粉、
　花瓣紫紅

▲重瓣，花萼粉白、
　花瓣淺紫

Fuchsia triphylla 'Gartenmeister Bonstedt'　**倒掛金鐘**

◀花較細長、下垂

▲斑葉

虎耳草科

泡盛花

· 學名
Astilbe × arendsii
· 英名
Astilbe
· 別名
落新婦

· 園藝栽培種

▲羽狀複葉根出或莖生，小葉長 8~10 公分、寬 2~5 公分，葉緣重鋸齒

▲基生葉，2~3 回 羽狀複葉

◀大型花序呈圓錐狀，小花瓣長約 0.2 公分，10 雄蕊

▼多年生草本，株高可達 1 公尺，花期 4~9 月 (溫哥華 Butchart Garden)

▲花細緻，花序碩大，小花群集如堆積 的泡沫，故名「泡盛」，花色多種

·學名
Dahlia x hybrida
·英名
Dahlia
·別名
大麗花、大理菊

大理花

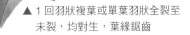

▲1回羽狀複葉或單葉羽狀全裂至
未裂，均對生，葉緣鋸齒

▲羽葉多5片小葉，
小葉亦可能再分裂

▲頭狀花序頂生

◀品種繁多，夏季為休眠期，陽光充足處，
冬至翌春為主要花期

▼多年生草本球根花卉，
地下部為紡錘
狀塊根

非洲菊

・學名
Gerbera x hybrida
・英名
Gerbera
・園藝栽培種

◀單葉根生，群葉蓮座狀，葉緣不規則淺羽裂，葉長 10~15 公分、寬約 5 公分；頭狀花序具長梗，自群葉中直出

▼多年生草本，株高約 60 公分，全株密被毛茸，根狀莖短小，花期 11 月～翌 4 月

非洲菊

大花曼陀羅 *Brugmansia suaveolens*

- 英名：Angel's trumpet, Brugmansia
- 別名：白花曼陀羅
- 原產地：巴西

· 學名
Brugmansia spp.
· 原產地
巴西、秘魯、巴哈馬

曼陀羅

◀單葉互生，葉長 20~30 公分、寬 8~12 公分、柄長 5~10 公分

▲葉全緣微波，紙質

▲花腋生，單出，下垂；萼筒 5~10 公分長，端 5 裂，白花喇叭狀，長 25~50 公分

◀常綠大灌木，株高可達 3 公尺，花期全年，秋季為盛花期，冬季花少

爵床科

紅鳥尾花　*Crossandra infundibuliformis* 'Nile Queen'

▼菁芳園

黃鳥尾花　*Crossandra infundibuliformis* 'Lutea'

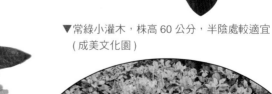

▶花序自下方的小花先綻放，花初開黃色、漸褪色變白

▼常綠小灌木，株高 60 公分，半陰處較適宜（成美文化園）

▲穗狀花序長可達 20 公分，綠色苞片層層密疊緊密，黃花自綠色苞片中伸出

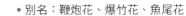

Crossandra pungens **爆竹鳥尾花**
• 別名：鞭炮花、爆竹花、魚尾花

493

爵床科

▼植株低矮，花葉均具觀賞性

▼花似黃鳥尾花

Crossandra infundibuliformis **橙鳥尾花**

▶花似只有半邊，狀如鳥的尾巴，故名之

▲穗狀花序腋出

▼春末至秋季開花，花期頗長 (成美文化園)

▲花 5 單瓣，花冠兩側對稱，橙花，花徑 3~4 公分

爵床科

琥珀擬美花 *Pseuderanthemum alatum*

- 別名：朱古力草
- 原產地：中美洲

▼常綠亞灌木 (菁芳園)

▲直立總狀花序、頂生

▼紫紅花，左右對稱，
下唇有一抹白斑

▲株高約 50 公分

▲單葉對生，葉面紫褐色，中肋兩側
有不規則銀色斑塊

▼種名 *alatum* 指葉柄具翅翼，
又名翼柄山殼骨

▼葉面有毛，斑紋有或無

▼葉背淺綠褐色，嫩枝紫褐色、
有毛

翅翼

· 學名
Pelargonium spp.
· 英名
Geranium
· 園藝栽培種

天竺葵

◀繖形花序，頂生，
花軸長

◀葉為圓腎或圓心形，
葉基有掌狀脈 7 出，
葉幅 4~5 公分

▶葉徑 3~8 公分

▲葉緣淺裂、鋸齒

▲葉緣無鋸齒

▼常綠亞灌木，株高約 50 公分

▲花四季常開，品種多，花色豐富

花有重瓣或單瓣，花色有紅、橙、粉紫、粉、白或斑色、鑲邊品種，冠徑約 3~5 公分

單瓣品種

▼蔓性天竺葵
植株蔓性，枝條懸垂

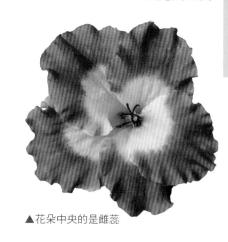

▲花朵中央的是雄蕊　　　　　　▲花朵中央的是雌蕊

半重瓣品種

重瓣品種

▲翠綠、中央紅紫

·學名
Impatiens spp.

非洲鳳仙

▲耐蔭、不畏冷涼

▲多年生草本,株高不及 1 公尺
(成美文化園)

▲營造入口意象,相當吸睛
(成美文化園)

◀▲道路中央分隔島 (臺中市臺灣
大道)

非洲鳳仙

▼葉卵披針形，長 3~6 公分、
寬 2~5 公分、柄長 1~3 公分

葉面

葉背

▲花徑約 3~5 公分

▲葉緣淺鋸齒與芒尖

▲葉背色淺，紅花品種之
葉背中肋與葉柄色紅

▲多色混植 (科博館)

▼重瓣紅花，如朵朵小玫瑰

▲重瓣品種的花色相當多，花期幾乎全年

▲單瓣紅花

◀單瓣紅花、花心白斑

▲重瓣白花

◀重瓣紅花

▲重瓣粉橙花

▲紅紫重瓣花

▲重瓣、紅紫白多色花

▲重瓣、紅粉白多色花

唇形科

貓鬚草

· 學名
Orthosiphon aristatus
· 英名
Cat's-whiskers

· 原產地
東南亞、南洋群島、
澳洲、印度等

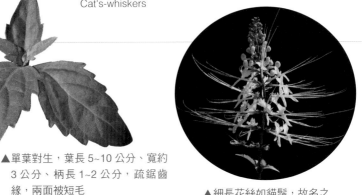

▲單葉對生，葉長 5~10 公分、寬約
3 公分、柄長 1~2 公分，疏鋸齒
緣，兩面被短毛

▲細長花絲如貓鬚，故名之

▼多年生草本，株高
可達 1 公尺

▼夏秋開花

紫花貓鬚草

▲葉有毛與腺體

▶株高可達 1 公尺

紅花品種

· 學名
  Anigozanthos spp.
· 英名
  Kangaroo paw
· 原產地
  澳洲

袋鼠爪

◀多年生常綠草本，株高可達 2 公尺。葉扁平，線披針形，長可達 80 公分。花莖頗長，挺立，常具分枝，花期頗長；全株密生絨毛，花梗與花苞似袋鼠腳爪而得名

▶管狀花，長 2~5 公分，花梗色彩豐富，除了小花瓣外，其他都是紅色，而且色彩持久

▲花完全綻放，6 雄蕊，雄蕊柱短；1 雌蕊綠色

▲花瓣內面白色、密被毛茸

▼粉花　　　　　▼黃花　　　　　▼橙紅花

石蒜科

黃韭蘭　*Zephyranthes citrine*

▶線形葉、扁平，質地較厚，葉長約 15 公分

▼黃花，徑約 5 公分

▶夏季開花，具地下球根，根出葉叢生

蔥蘭　*Zephyranthes candida*

▼白花，花冠喉部黃綠色，花徑 5~6 公分

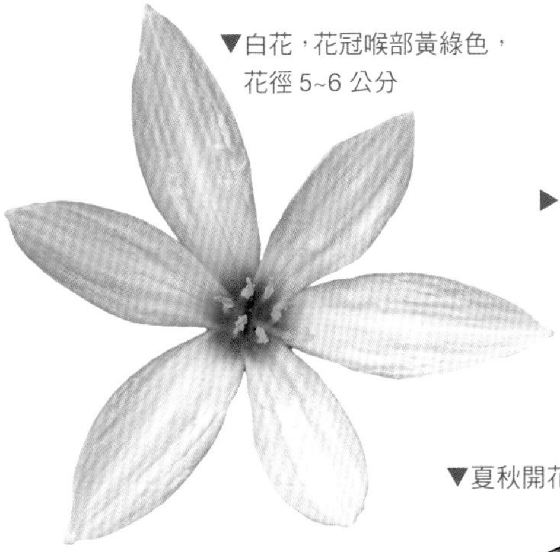

▶葉直出，花梗較短，葉常比花高

▼夏秋開花 (臺東植物園)

▼葉形似蔥，葉長約 15 公分

貼梗海棠／016

粉花繡線菊／017

紅花羊蹄甲／018

紅粉撲花／019

艷紅合歡／020

紅絨球／022

粉撲花／023

美麗胡枝子／025

錦帶花／026

金邊瑞香／027

法國秋海棠／028

紅花香葵／029

紅燈籠／030

玲瓏扶桑／031

裂瓣朱槿／032

南美朱槿／033

美國朱槿／034

麗紅葵／035

大果黃褥花／036

小葉黃褥花／037

紅穗鐵莧／038

紅毛莧／039

羽毛花／406

麒麟花／409　　麒麟花／410　　麒麟花／410

聖誕紅／414　　聖誕紅／415　　聖誕紅／415　　聖誕紅／416

山茶／419　　山茶／419　　茶梅／421　　烏來杜鵑／423　　粉白杜鵑／428

洋石楠／430　　松紅梅／435　　沙漠玫瑰／440　　沙漠玫瑰／440　　沙漠玫瑰／441

日日春／443　　夾竹桃／448　　夾竹桃／448

大王仙丹／450　　宮粉仙丹／455　　矮仙丹／460

黃花君子蘭／104

黃蝴蝶／108

馬利筋／109

萱草／114

含笑花／118

臘梅／119

黃花羊蹄甲／119

金葉黃槐／120

長穗決明／121

大花黃槐／122

翅果鐵刀木／123

細葉黃槐／124

刀葉金合歡／125

樹豆／126

金雀花／127

毛苦參／128

南嶺堯花／129

倒卵葉蕘花／130

棉／131

洛神葵／132

金英樹／133

大甲草／134　　　　金蓮木／135　　桂葉黃梅／136　　豔果金絲桃／137

臺灣金絲桃／139　雙花金絲桃／140　　　金絲桃／141　　　大輪金絲梅／142

方莖金絲桃／142　　樹蘭／144　　　　連翹／145　　　小花黃蟬／146　玉葉金花／147

黃萼花／148　　黃鐘花／149　　金粟蘭／151　水丁香／152　　海濱月見草／　　裂葉月見草／
　　　　　　　　　　　　　　　　　　　　　　　　　　　153　　　　　153

黃花月見草／154　阿里山油菊／155　　金球菊／156　　　油菊／158　　　新竹油菊／158

山菊／159　　　臺灣山菊／160　　　黃菀／161　　　　王爺葵／163

金夜丁香／164　　金脈單藥花／164　　黃蝦花／165　　金葉木／166　　黃時鐘花／167

黃扇鳶尾／168　　重瓣大花梔子／327　　雜交薔薇／383　　風鈴花／395　　扶桑／398　　扶桑／402

羽毛花／406　　麒麟花／408　　聖誕紅／415　　聖誕玫瑰／416　　凹脈金花茶／418

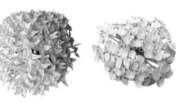

著生杜鵑／432　　黃仙丹／456　　黃熊貓仙丹／459　　黃花馬纓丹／468

牡丹／471　　大理花／478　　非洲菊／484

重瓣黃花曼陀羅／487　　黃鳥尾花／492　　爆竹鳥尾花／493　　火炬百合／506　　黃韭蘭／508

紫花捕魚木／170

藍槿／171

錦葵／172

錦葵／172

角莖野牡丹／173

銀絨野牡丹／174

巴西野牡丹／175

皇冠花／176

琉璃唐綿／177

紫蝶花／178

金露花／179

蕾絲金露花／184

長穗木／185

柳葉馬鞭草／187

黃荊／189

海埔姜／190

三葉埔姜／191

藍雪花／192

流星花／193

紫扇花／194

藍冠菊／195

馬蘭／19

番茉莉／197

大花番茉莉／
198

長筒藍曼陀羅／199

野煙樹／
200

藍花茄／
201

藍星花／
202

斑葉長階花／
203

藍金花／204

紫鶴花／205

假杜鵑／206

雙色假杜鵑／
207

六角英／
208

爵床／209

藍色暮光／210

翠蘆莉／211

短葉毛翠蘆莉／
213

蔓性蘆莉／214

藍唇花／215

馬藍／216　　長穗馬藍／217

紫葉馬藍／218

立鶴花／221

藍玉立鶴花／
221

藍月立鶴花／
221

矮筋骨草／222

銀葉紫唇花／224

西班牙薰衣草／226

仙草／227

圓葉牛至／228

紫鳳凰／229

墨西哥牛至／233

夏枯草／234

迷迭香／235

藍色蜂鳥鼠尾草／
236

田代氏鼠尾草
／236

墨西哥鼠尾草／
237

黃芩／238

向天盞／
239

印度黃芩／
240

田代氏黃芩／241

桃金娘葉遠志／242

斑葉桔梗蘭／243

臺灣油點草／244

百子蓮／245

垂花百子蓮／
246

紫嬌花／247

巴西鳶尾／248

雜交薔薇／
383

雜交薔薇／385

舞會繡球／
390

頭花繡球／
390

額繡球花／
391

扶桑／401

豔紫杜鵑／
428

日日春／443

馬纓丹／469

牡丹／473

吊鐘花／475

泡盛花／476

大理花
／481

重瓣紫花曼陀羅
／487

毛地黃／489

追風草／490

非洲鳳仙
／502

非洲鳳仙
／503

紫花貓鬚草／
504

貼梗海棠／016

白絨球／022

南美朱槿／033

細葉雪茄花／050

白花荷苞牡丹／073

山桃草／077

孤挺花／106

白花金露花／180

白扇花／194

白紫扇花／194

斑葉長階花／203

白花矮翠蘆莉／213

白立鶴花／220

矮筋骨草／222

白花百子蓮／246

郁李／250

臺灣火刺木／251

恆春石斑木／253

石斑木／254

厚葉石斑木／256

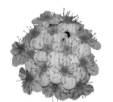

麻葉繡球／258

重瓣麻葉繡球／259

笑靨花／260

木椀樹／261

華八仙／262

橡葉繡球／263　橡葉繡球／263

西洋山梅花／264　臺灣糯米條／265　大花六道木／266　金葉大花六道木／267　金邊大花六道木／268

鬼吹簫／269　右骨消／270　呂宋莢蒾／271

琉球莢蒾／272　地中海莢蒾／273　白花檵木／274

蘭嶼海桐／275　海桐／277　刺山柑／279　小刺山柑／279　刺葉黃褥花／280

聖誕初雪／281　臺灣馬醉木／282　大葉越橘／283　單子蒲桃／284

扁櫻桃／285　香菝／286　指甲花／287　三花冬青／288　交趾衛矛／289　日本衛矛／29

白色花索引

春不老／292　　圓果金柑／294　　長果金柑／295　　月橘／296　　細葉七里香／298　　長果月橘／299

金紅茵芋／300　　天星茉莉／301　　毛茉莉／302　　茉莉／303　　重瓣茉莉／304

日本女貞／305　　　　垂枝女貞／306　　　　小蠟／308

桂花／31　　日本香水桂花／311　　小卡利撒／312　　卡利撒／313　　斑葉小卡利撒／314

蘭嶼山馬茶／315　　重瓣山馬茶／316　　闊葉重瓣山馬茶／317　　銀葉單瓣山馬茶／318　　銀灰葉山馬茶／319　　珍珠山馬茶／319　　真山馬茶／320

錫蘭水梅／321　　　　水梅／322　　　劍葉緬梔／323　　釘頭果／324

圓葉玉堂春／325

山黃梔／327

重瓣大花梔子／327

水梔子／328

重瓣水梔子／328

花葉梔子／329

長管梔子花／331

雪萼花／332

蛇根草／333

六月雪／334

白杜虹花／336

細葉紫珠／337

化石樹／338

臭茉莉／339

大青／340

苦林盤／341

煙火樹／342

臭娘子／343

南天竹／345

魚腥草／347

數珠珊瑚／348

紅龍草／349

白雪花／350

烏面馬／350

翡翠木／351

大葉溲疏／353

臺灣溲疏／354

同瓣草／355

草海桐／357

高士佛澤蘭／358

臺灣澤蘭／359

花蓮澤蘭／360

夜香茉莉／361

日香木／362

夜香木／363

斑葉小花老鼠筋／
364

小花寬葉馬偕花／
364

易生木／365

尖尾鳳／366

白鶴靈芝／367

玉蝶花／368

心葉水薄荷／369

麝香木／370

澳洲迷迭香／371

鈴蘭／372

臺灣百合／373

鐵炮百合／374

玉簪／375

南非伯利恆之星／
377

亞馬遜百合／378

假玉簪／379

日本鳶尾／380

雜交薔薇／38

大肚山薔薇／386

白繡球／388

風鈴花／395

扶桑／398

木槿／405

麒麟花／409

聖誕紅／416

山茶／418

茶梅／421

白琉球杜鵑／
427

洋石楠／430

松紅梅／435

白丁香／437

沙漠玫瑰／439

日日春／443

白花夾竹桃／445

白仙丹／452

矮仙丹／461

繁星花／465

馬纓丹／468

牡丹／472

泡盛花／476

大理花／478

非洲菊／484

大花曼陀羅／485

毛地黃／489

追風草／490

金葉擬美花／
494

天竺葵／498

非洲鳳仙／503

貓鬚草／504

蔥蘭／508

臺灣自然圖鑑 051

灌木及多年生草本賞花圖鑑

作者	章錦瑜
攝影	章錦瑜
主編	徐惠雅
校對	章錦瑜、徐惠雅、楊嘉殷
美術編輯	林姿秀

創辦人	陳銘民
發行所	晨星出版有限公司
	407 台中市西屯區工業區三十路 1 號 1 樓
	TEL：04-23595820 FAX：04-23550581
	行政院新聞局局版台業字第 2500 號
法律顧問	陳思成律師
初版	西元 2023 年 04 月 10 日

線上回函

總經銷	知己圖書股份有限公司
	(台北)106 台北市大安區辛亥路一段 30 號 9 樓
	TEL：02-23672044 FAX：02-23635741
	(台中)407 台中市西屯區工業區三十路 1 號 1 樓
	TEL：04-23595819 FAX：04-23595493
	E-mail: service@morningstar.com.tw
	網路書店 http://www.morningstar.com.tw
讀者專線	02-23672044 ／ 02-23672047
郵政劃撥	15060393(知己圖書股份有限公司)
印刷	上好印刷股份有限公司

定價 990 元
ISBN　978-626-320-394-5

Published by Morning Star Publishing Inc.
Printed in Taiwan

國家圖書館出版品預行編目資料

灌木及多年生草本賞花圖鑑／章錦瑜著‧攝影 .-- 初版 . -- 台中
市：晨星，2023.04
520 面；15*22.5 公分 .（臺灣自然圖鑑；051）

ISBN　978-626-320-394-5(平裝)

1. CST: 木本觀賞植物　2.CST: 草本植物　3.CST: 植物圖鑑

435.41025　　　　　　　　　　　　　　　112001172